UG NX 10.0 中文版模具设计从入门到精通

三维书屋工作室

胡仁喜　刘昌丽　等编著

U0112189

机 械 工 业 出 版 社

本书共 3 篇 15 章。第 1 篇介绍了模具设计的有关基础知识，其中第 1 章介绍 UG NX 10.0 注塑模具设计基础，第 2 章介绍模具设计初始化工具，第 3 章介绍模具修补和分型，第 4 章介绍模架库和标准件，第 5 章介绍浇注和冷却系统，第 6 章介绍其他工具，第 2 篇介绍了各种典型结构模具设计实例，第 7～11 章通过对散热盖模具设计、充电器座模具设计、播放器盖模具设计、上下圆盘模具设计、发动机活塞模具设计 5 个综合实例进一步描述了Mold Wizard 进行模具设计的一般过程；第 3 篇从第 12～15 章介绍了整套手机模具设计综合实例。

随书配送的多媒体光盘包含全书所有实例的源文件和效果图演示，以及典型实例操作过程 AVI 文件，可以帮助读者更加形象直观地学习本书。

本书适用于高等院校机械专业、模具专业和计算机辅助设计专业的学生，同时也适用于模具、机械加工等方面的设计师、技术人员和 CAD 爱好者学习 UG NX 模具设计。

图书在版编目（CIP）数据

UG NX 10.0 中文版模具设计从入门到精通/胡仁喜等编著.—北京：机械工业出版社，2016.8

ISBN 978-7-111-54035-9

Ⅰ. ①U… Ⅱ. ①胡… Ⅲ. ①模具—计算机辅助设计—应用软件 Ⅳ. ①TG76-39

中国版本图书馆 CIP 数据核字(2016)第 134326 号

机械工业出版社（北京市百万庄大街 22 号　邮政编码 100037）
责任编辑：曲彩云　　　　　责任印制：常天培
北京中兴印刷有限公司印刷
2016 年 8 月第 1 版第 1 次印刷
184mm×260mm・24 印张・596 千字
0001－3000 册
标准书号：ISBN 978-7-111-54035-9
　　　　　　ISBN 978-7-89386-021-8（光盘）
定价：69.00 元（含 1DVD）

前　言

　　UG 是 Unigraphics NX 的简称，是美国 UGS 公司的核心软件产品。UG 软件以强大的功能、先进的技术、优质的服务闻名于 CAD/CAM/CAE 领域，经过将近半个世纪的不断完善、开拓与发展，积累了航天、航空、汽车和机械等众多专业领域的丰富经验和技术，形成独具特色的优秀 CAD/CAM/CAE 软件。从最初的 V13 版本到现时最新的 NX10.0 版本，UGS 公司对 UG 软件下了很大的工夫，将常用的功能都实现了图标化，人机交互界面更生动、更人性化。

　　模具作为重要的工艺装备，在消费品、电子电器、汽车、飞机制造等工业部门中占有举足轻重的地位。工业产品零件粗加工的 75%，精加工的 50%及塑料零件的 90%都由模具完成。近年来，中国模具工业发展迅速，行业产值年平均增长 14%。我国模具行业的生产规模如今已占世界总量的近 10%，位列世界第一。但是，我国技术含量低的模具已供过于求，精密、复杂的高档模具很大部分依靠进口，每年进口模具费用超过 10 亿美元。

　　本书主要介绍了使用 UG NX 10.0 Mold Wizard 中文版进行注塑模具设计的基本方法，以及注塑模具的基本知识。Mold Wizard 注塑模具设计是一个前后联系的逻辑过程，通过加载产品模型，确定顶出方向、收缩率、模腔布局、分型面、型芯和型腔、滑块/抽芯、模架及其标准件、浇注系统、冷却系统等工作，完成整套模具的设计。本书通过介绍注塑模具设计的基本原理、Mold Wizard 模具设计基本工具，并通过前后关联的若干基本实例和综合实例，向读者展示了 Mold Wizard 进行注塑模具设计的基本方法和技巧。

　　本书共 3 篇 15 章。第 1 篇介绍了模具设计的有关基础知识，其中第 1 章介绍 UG NX 10.0 注塑模具设计基础，第 2 章介绍模具设计初始化工具，第 3 章介绍模具修补和分型，第 4 章介绍模架库和标准件，第 5 章介绍浇注和冷却系统的，第 6 章介绍其他工具。第 2 篇介绍了各种典型结构模具设计实例，第 7～11 章通过对散热盖模具设计、充电器座模具设计、播放器盖模具设计、上下圆盘模具设计、发动机活塞模具设计 5 个综合实例进一步描述了 Mold Wizard 进行模具设计的一般过程。第 3 篇第 12～15 章介绍了整套手机模具设计综合实例。

　　随书配送的多媒体光盘包含全书所有实例的源文件和效果图演示，以及典型实例操作过程 AVI 文件，可以帮助读者更加形象直观地学习本书。

　　本书适用于高等院校机械专业、模具专业和计算机辅助设计专业的学生，同时也适用于模具、机械加工等方面的设计师、技术人员和 CAD 爱好者学习 UG NX 模具设计。

　　本书由三维书屋工作室总策划，参加编写的有胡仁喜、刘昌丽、康士廷、王敏、王玮、孟培、王艳池、闫聪聪、王培合、王义发、王玉秋、杨雪静、卢园、孙立明、甘勤涛、李兵、路纯红、阳平华、李亚莉、张俊生、李鹏、周冰、董伟、李瑞、王渊峰。

　　由于编者水平有限，书中不足之处在所难免，望广大读者批评指正，编者将不胜感激。有任何问题可以登录网站 www.sjzswsw.com 或联系 win760520@126.com，也欢迎加入三维书屋图书学习交流群 QQ：379090620 交流探讨。

编　者

目　录

第1篇 基础知识篇

本篇主要介绍模具设计的一些基础知识，内容包括 UG NX 10.0 模具设计基础、模具设计初始化工具、模具修补和分型、模架库和标准件、浇注和冷却系统等内容。

第 1 章

UG NX 10.0 注塑模具设计基础

UG NX 10.0 是紧密集成的面向制造业的 CAD/CAM/ CAE/CAID 高端软件，不仅被当今许多世界领先的制造商用来从事概念设计、工业设计、详细的机械设计以及工程仿真等工作，而且在模具制造行业，尤其是注塑模具 CAD/CAM/CAE 领域更是被广泛应用。

要想成为一个合格的注塑模具工程师，只会简单的 3D 分型是远远不够的，还必须了解和掌握有关模具专业的基础理论知识。

◎ 塑料注射成型的原理与特点

◎ 注塑模具设计理论

◎ 模具的一般制造方法

◎ UG NX 10.0 Mold Wizard 概述

1.1 基本概念

1.1.1 塑料的成分和种类

塑料是以树脂为主要成分，添加一定数量和一定类型的助剂，在加工过程中能够形成流动的成型材料。塑料的基本性能主要取决于树脂的类别，添加某些添加剂可以有效地改进塑料的性能。

按凝固过程是否发生化学变化分类，塑料可分为两类：

1. 热塑性塑料　这类塑料主要成分的树脂为线型或支链型大分子链的结构，受热软化熔融，冷却后变硬定型，并可多次反复熔融、冷却而始终具有可塑性，分子结构和性能无显著变化，可回收再次成型。这类塑料成型工艺简单，具有相当高的物理和力学性能，并能反复回炉，所以热塑性塑料在产品品种、质量和产量上发展都非常迅速。其缺点是耐热性和刚性较差。代表性塑料有聚乙烯（PE）、聚丙烯（PP）、聚苯乙烯（PS）、聚碳酸甲酯（PC）、聚氯乙烯（PVC）、聚甲醛（POM）、聚酰胺（PA）、聚碳酸酯（PC）、丙烯腈-丁二烯——苯乙烯共聚物（ABS）。

2. 热固性塑料　这类塑料加热初期具有一定的可塑性，软化后可制成各种形状的制品。但是随加热时间延长，分子逐渐交联形成网状体形结构，固化而失去塑性，冷却后再加热也不会再软化，再受高热即被分解破坏，具有较高的耐热性和受压不易变形的特点，但成型工艺较复杂，不利于连续生产和提高生产率，不能重复利用。主要有酚醛树脂（PF）、环氧树脂（EP）、氨基树脂、醇酸树脂。

按用途分类，塑料可以分为四类：

1. 通用塑料　这种塑料产量大、用途广、价格低廉。主要品种有聚烯烃、聚氯乙烯、聚苯乙烯、酚醛、氨基塑料。

2. 通用工程塑料　这种塑料产量大、力学强度高、可代替金属用作工程结构材料。主要品种有聚酰胺、聚碳酸酯、聚甲醛、ABS、聚苯醚（PPO）、聚对苯二甲酸丁二醇酯（PBTP）及其改性产品。

3. 特种工程塑料（高性能工程塑料）　这种塑料产量小、价格昂贵、耐高温，可作为结构材料。主要品种有聚砜（PSU）、聚酰亚胺（PI）、聚苯硫醚（PPS）、聚醚砜（PES）、聚芳酯（PAR）、聚酰胺酰亚胺（PAI）、聚苯酯、聚四氟乙烯（PTFE）、聚醚酮类、离子交换树脂、耐热环氧树脂。

4. 功能塑料　这种塑料具有特种功能，如耐辐射、超导电、导磁、感光等。主要品种有氟塑料、有机硅塑料。

1.1.2 常用塑料的特性与用途

1. 热塑性塑料的性能与应用　热塑性塑料一般为线型聚合物，可反复受热软化、熔融和冷却硬化，在软化、熔融状态下可进行各种成型加工。由于热塑性塑料在成型加工过程中几乎没有化学反应，因而能反复成型加工。下面介绍几种常用塑料的特性与用途。

（1）聚乙烯。纯净的聚乙烯（PE）外观为白色蜡状固体粉末，微显角质状，无味无臭无毒。由于制品具有较高的结晶度，除薄膜外，其他制品都不透明。

聚乙烯的各项力学性能指标中，除冲击韧度较高外，其他力学性能绝对值在塑料材料中都是较低的。

聚乙烯本身无极性，决定了它有优异的介电及电绝缘性。它的吸湿性很小，电性能不受环境湿度改变的影响。聚乙烯介电常数小，体积电阻率高，由于是非极性材料，其介电性能不受电场频率的影响。

聚乙烯具有优良的化学稳定性。室温下能耐酸、碱和盐类的水溶液，如盐酸、氢氟酸、磷酸、甲酸、醋酸、氨、氢氧化钠、氢氧化钾以及各类盐溶液，即使在较高的浓度下对聚乙烯也无显著作用。但浓硫酸和浓硝酸及其他氧化剂会缓慢侵蚀聚乙烯。温度升高后，氧化作用更为显著。

聚乙烯在大气、阳光和氧的作用下也发生老化，表现为伸长率和耐寒性降低，力学性能和电性能下降，并逐渐变脆、产生裂纹，最终丧失其使用性能。

聚乙烯是通用塑料之中产量最大，应用最广的塑料品种。聚乙烯专用于高频绝缘，还可制成各种工业用品及日常用品，如生活用品中的水桶、各种大小的盆、碗、灯罩、瓶壳、茶盘、梳子、淘米箩、玩具、文具、娱乐用品等，也可制作自行车、汽车、拖拉机、仪器仪表中的某些零件。

（2）聚丙烯。聚丙烯（PP）在常温下为白色蜡状固体，外观与高密度聚乙烯相似，但比高密度聚乙烯轻和透明，无臭无味无毒，是现有塑料中最轻的一种。

聚丙烯在室温以上有较好的冲击性能，刚度和硬度比聚乙烯高。优良的耐弯曲疲劳性是聚丙烯的一个特殊力学性能，聚丙烯包片直接弯曲成型的铰链或注射成型的铰链，能经受几十万次的折叠弯曲而不损坏。聚丙烯摩擦因数小于聚乙烯，自身对磨的摩擦因数为0.12，对钢的摩擦因数是0.33。聚丙烯的缺点是韧性不够好，特别是温度较低时脆性明显。

聚丙烯的耐热性稍高于聚乙烯，无载下最高连续使用温度可超过 120℃，轻载下可达120℃，低载下可达 100℃，较重载荷下可达 90℃。聚丙烯耐沸水、耐蒸汽性良好，在135℃的高压锅内可蒸煮 1000h 不破坏，特别适用于制备医用高压消毒用品。聚丙烯的相对分子质量对耐热性也有影响，相对分子质量提高，热变形温度会下降，但耐寒性改善。

聚丙烯属于非极性聚合物，具有优良的电绝缘性，电绝缘性不受环境湿度的影响。介电常数和介电损耗角正切值很小，几乎不受温度和频率的影响，因此可在较高温度和频率下使用。

聚丙烯具有优良的化学稳定性，除强氧化剂、浓硫酸、浓硝酸、硫酸与铬酸混酸等对它有侵蚀作用外，其他试剂对聚丙烯无作用。

聚丙烯的注射制品表面光洁，具有高的表面硬度和刚性，耐应力开裂，耐热。聚丙烯可制下列用途的制品：医疗器械中的注射器、盒、输液袋、输血工具；一般用途机械零件中的轻载结构件，如壳、罩、手柄、手轮，特别适用于制作反复受力的铰链、活页、法兰、接头、阀门、泵叶轮、风扇轮等；汽车零部件，如转向盘、蓄电池壳、空气过滤器壳、离合器踏板、发动机零件等。

（3）聚氯乙烯。聚氯乙烯树脂（PVC）是白色或淡黄色的坚硬粉末，纯聚合物吸湿性不大于 0.05%，增塑后吸湿性增大，可达到 0.5%，纯聚合物的透气性和透湿率都较低。

聚氯乙烯一般都加有多种助剂。不含增塑剂或含增塑剂不超过 5% 的聚氯乙烯称为硬聚氯乙烯，含增塑剂的聚氯乙烯中，增塑剂的加入量一般都很大，以使材料变软，故称为软聚氯乙烯。助剂的品种和用量对材料物理力学性能影响很大。

由于聚氯乙烯是极性聚合物，其固体表现出良好的力学性能，但它力学性能的数值主要取决于相对分子质量的大小和所添加塑料助剂的种类及数量，尤其是增塑剂的加入，它不但能提高聚氯乙烯的流动性，降低塑化温度，而且使其变软。

聚氯乙烯是无定形聚合物，它的玻璃化转变温度一般为 80℃，80~85℃ 开始软化，完全流动时的温度约是 140℃，这时的聚合物开始明显分解。在现有的塑料材料中，聚氯乙烯是热稳定性特别差的材料之一，工业上生产的各晶级和牌号的聚氯乙烯都加有热稳定剂。聚氯乙烯的最高连续使用温度在 65~80℃ 之间。

聚氯乙烯具有较好的电性能，是体积电阻和击穿电压较高、介电损耗较小的电绝缘材料之一，其电绝缘性可与硬橡胶媲美。随着环境温度的升高，其电绝缘性能降低；随着频率的增大，电性能变坏，特别是体积电阻率下降，介电损耗增大。聚氯乙烯的电性能还与配方中加入的增塑剂、稳定剂等的品种和数量有关，与树脂的受热情况也有关。当聚氯乙烯发生热分解时，产生的氯离子会使其电绝缘性降低，如果大量的氯离子不能被稳定剂所中和，会使电绝缘性能明显下降。另外，树脂的电性能还与聚合时留在树脂中的残留物的数量有关。一般悬浮法树脂较乳液法树脂的电性能好。

聚氯乙烯的耐化学腐蚀性比较优异，除浓硫酸、浓硝酸对它有损害外，其他大多数无机酸、碱类、无机盐类、过氧化物等对聚氯乙烯无侵蚀作用，因此可以作为防腐材料。

聚氯乙烯可用来生产凉鞋、壳体、管件、阀门、泵等制品。聚氯乙烯注射时必须使用螺杆注射机，改变不同的模具，即可生产不同的制品。

（4）丙烯腈-丁二烯-苯乙烯树脂。丙烯腈-丁二烯-苯乙烯（ABS）树脂呈微黄色，外观是不透明粒状或粉状热塑性树脂，无毒无味，其制品五颜六色，并具有 60% 的高光泽度。ABS 同其他材料的结合性好，表面易于印刷及涂层、镀层处理。

ABS 具有优秀的力学性能，其冲击韧性极好，可在低温下使用。即使 ABS 制品被破坏也只能是拉伸破坏而不会是冲击破坏。ABS 的冲击韧性随温度的降低下降缓慢，即使在-40℃的温度时，仍能保持原冲击韧性的 1/3 以上。

ABS 的耐磨性优良，尺寸稳定性好，具有耐油性，显示了较好的综合性能，因而被广泛地用作工程塑料。其耐热性一般，可在-40~85℃ 的温度范围内使用。

ABS 由于具有优良的综合性能，用途十分广泛，通过注射成型可制得各种机壳、电器零件、机械零件、汽车零件、冰箱内衬、灯具、家具、安全帽、杂品等。

（5）聚四氟乙烯。聚四氟乙烯（PTFE）是氟塑料中综合性能最好、产量最大、应用最广的一种。它属于结晶型线性高聚物。

聚四氟乙烯主要的特性是具有优异的耐热性，它的长期使用温度是-250~260℃。聚四氟乙烯的化学稳定性特别突出，无论是强酸、强碱还是各种氧化剂等腐蚀性很强的介质对它都毫无作用，甚至沸腾的王水和原子工业中用的强腐蚀剂五氟化钠对它也不起作用，有塑料王之称。聚四氟乙烯的摩擦系数非常小，且在工作温度范围内摩擦因数几乎保持不变。聚四氟乙烯具有极其优异的介电性能，在 0℃ 以上其介电性能不随温度和频率而变化，也不受潮湿和腐蚀气体的影响，是一种理想的高频绝缘材料；但聚四氟乙烯力学性能不高，刚性差。

聚四氟乙烯成型困难。它是热敏性塑料，极易分解，分解时产生腐蚀性气体，有毒，因而必须严格控制成型温度。它流动性差，熔融温度高，成型温度范围小，需要高温、高压成型。模具要有足够的强度和刚度，而且应镀铬。

由于聚四氟乙烯具有一系列独特的性能，有些还是工程中使用的其他塑料无法相比的，因而在科研、国防和其他工业部门占有重要的地位。如机械设备中的传动轴油封、轴承、活塞杆、活塞环，电子设备中的高频和超高频绝缘材料，洲际导弹点火导线的绝缘，化工设备中的衬里、管道、阀门、泵体等都可用它制造。此外它还可用作防腐、介电、防潮、防火等涂料以及医疗器械中的结构零件。

（6）聚对苯二甲酸乙二醇酯。聚酯树脂是由多元酸与多元醇缩聚反应的产物，它是一大类树脂的总称。聚酯树脂的分子结构可分为不饱和的、体型的和线型的三种。前两类是热固性塑料，后者是热塑性塑料。这里介绍后一种线型的聚酯树脂——聚对苯二甲酸乙二醇酯（PET）。

聚对苯二甲酸乙二醇酯结晶度高，具有较高的拉伸强度、刚性和硬度，优良的耐磨性和电绝缘性能。它吸水性小，耐候性也较好，但耐冲击性能较差，成型收缩率较大。聚对苯二甲酸乙二醇酯能在较宽的温度范围内保持良好的力学性能，长期使用温度可达 120℃，能在 150℃ 下短期使用。它易受强酸、强碱的侵蚀，但对大多数有机溶剂和油类具有良好的化学稳定性，在工程技术中得到广泛应用。

聚对苯二甲酸乙二醇酯可采用注射、吹塑等成型方法制造塑料制品。目前聚对苯二甲酸乙二醇酯除了用于合成纤维之外，制成的塑料主要用于生产薄膜、瓶。聚酯瓶具有质量轻、强度高、透明度高、化学稳定性和气密性好的优点，主要用作各种包装容器。增强改性的 PET 注射制品应用于汽车、电器、机械等方面。

2. 热固性塑料的性能及应用

（1）酚醛树脂。酚醛树脂加入各种添加剂所得的各种塑料统称为酚醛塑料。它是应用广泛的一种塑料，在成型时需要在一定温度、压力等条件下产生交联硬化。硬化后的酚醛树脂呈琥珀色，耐矿物油、硫酸、盐酸的作用，但不耐强酸、强碱及硝酸。酚醛树脂质脆，表面硬度高，刚性好，尺寸稳定，耐热性好，在 250℃ 以下长期加热只会稍微焦化，所以即使在高温下使用也不软化变形，仅在表面发生烧焦现象。它在水润滑条件下具有很小的摩擦因数（0.01～0.03）。

酚醛塑料目前以压缩模塑为主，还可采用挤出、层压、注射等成型方法生产塑料制品。其成型性较好，但应注意预热和排气，以去除塑料中的水分和挥发物以及固化过程产生的水、氨等副产物，还应注意模具温度的控制，以保证塑料制品的成型及其质量。

（2）氨基塑料。氨基塑料是以具有氨基（-NH2）的有机化合物与甲醛缩聚反应得到的树脂为基础，加入各种添加剂的塑料。氨基树脂因生产所用原材料不同，目前有脲甲醛树脂（UF）、三聚氰胺-甲醛树脂（MF）和脲三聚氰胺-甲醛树脂。三聚氰胺-甲醛树脂又称蜜胺树脂。其中脲甲醛在氨基树脂中占的比例大。按照组成塑料的氨基树脂种类，氨基塑料分为两类：

1）脲甲醛塑料。以脲甲醛树脂为基础可以制成脲甲醛压塑粉、层压塑料、泡沫塑料和胶黏剂。脲甲醛压塑粉俗名电玉粉。这种塑料价格便宜，具有优良的电绝缘性和耐电弧性，表面硬度高、耐油、耐磨、耐弱碱和有机溶剂，但不耐酸。它着色性好，制品外观好、颜色鲜艳、半透明如玉，但耐火性差，吸水性大。脲甲醛压塑粉可制造一般的电气绝缘件和机械零件，如插头、插座、开关、旋钮、仪表壳等；可制造日用品，如碗、纽扣、钟壳等；还可作为木材胶合剂，制造胶合板和层压塑料。

2）三聚氰胺-甲醛塑料。它是以三聚氰胺-甲醛树脂为基础制成的塑料。其耐水性好，耐热性比脲甲醛塑料高，采用矿物填料时可在150～200℃下长期使用；电性能优良，耐电弧性好；表面硬度高于酚醛塑料，不易污染，不易燃烧。但三聚氰胺-甲醛树脂成本高，在氨基塑料中占的比例较小。

三聚氰胺-甲醛压塑粉主要用于压制耐热的电子元件、照明零件及电话机零件等。以石棉纤维为填料的三聚氰胺-甲醛塑料常用于制造开关、防爆电器设备配件和电动工具绝缘件。

氨基塑料常采用压缩模塑、挤出、层压成型，也可用注射成型。由于这类塑料含水分和挥发物较多，易吸水而结块，成型时会产生弱酸性的分解物和水，嵌件周围易产生应力集中，有流动性好、硬化速度较快、尺寸稳定性差等特点。因此，成型前必须预热干燥，成型时注意控制成型温度等工艺参数，注意排气及模具表面的防腐蚀处理（镀铬）。

（3）环氧树脂。环氧树脂（EP）是含有环氧基的高分子化合物。环氧树脂的品种很多，其中产量最大、应用最广的是双酚A型环氧树脂。

未硬化的双酚A型环氧树脂是糖浆色或青铜色的黏稠液体或固体，能溶解于苯、二甲苯、丙酮、环氧辛烷、乙基苯等有机溶剂，可长期存放而不变质，粘接性能很高，能够粘合金属和非金属，是万能胶的主要成分。加入胺类或酸酐类等固化剂，可产生交联而固化。固化后的双酚A型环氧树脂化学稳定性好，能耐酸和有机溶剂，介电性能好，耐热性较高（约204℃），尺寸稳定，力学强度比酚醛树脂和不饱和的聚酯树脂更高，但质脆，耐冲击差，使用时可根据需要加入适当的填料、稀释剂、增韧剂等成为环氧塑料，以克服缺点提高性能。

环氧树脂主要用作胶黏剂、浇铸塑料、层压塑料、涂料、压制塑料等，广泛用于机械、电气等工业部门。它可以粘接各种材料，灌封与固定电子、电气元件及线圈，浇铸固定模具中的凸模或导柱导套，经过环氧树脂浸渍的玻璃纤维可以层压或缠绕成型制作各种制品，如电绝缘体、氧气瓶、飞机及火箭上的一些零件，环氧树脂制成板几乎占据了印制电路板的全部。加入增强剂的环氧树脂塑料，可压制成结构零件，还可以作为防腐涂料。

3. 设计塑料制品的一般程序　掌握恰当的设计程序是实现塑料制品正确设计的重要条件。由于塑料的复杂性及其应用的多样性，不同塑料制品可以采取不同的设计程序。一般而言，塑料注射制品设计程序如下：

（1）详细了解制品的功能、环境条件和载荷条件。在设计制品之前，应列出塑料制品应具备的功能，使用的环境条件、载荷条件（动、静载荷），了解零部件之间的联系和对制品功能的影响。

制品功能确定得越准确，越详细，制品设计考虑的限制因素就越全面，设计出的制品就越能更好地满足使用要求。其中尤为重要的是了解塑料制品应具备的特殊性能，如光学透明性、耐化学性、耐高温性、耐冲击性和耐辐射性等。

（2）选定塑料品种。塑料品种的选择是复杂的，应根据制品的用途和成本要求及塑料性能等来确定。选定的塑料需具有工程设计及制品功能所要求的性能。

1）工程设计要求的塑料性能，如比例极限、模具与温度的关系、疲劳极限、泊松比、断裂应力、膨胀系数、摩擦因数、模具收缩率等。

2）制品功能要求的塑料性能，如硬度、冲击韧度、抗弯强度、耐化学与耐气候老化性、伸长率、热挠曲程度、屈服和损坏时的抗拉强度、电性能等。

（3）制订初步设计方案，绘制制品草图。初步设计的主要内容为制品的形状、尺寸、壁厚、加强肋、孔的位置等。在初步设计时应考虑制品在注射成型加工、模具的设计和制造方面的问题。

（4）样品制造和试验。试验样品的制造可以按照初步设计的要求设计加工模具，按确定的塑料和成型工艺方法制造样品。也可以用其他简便方法制造样品，然后进行各种模拟试验或实际使用条件的试验。样品制造和试验通常要进行多次。

如果初步设计有几种设计方案，在初步试验的基础上，通过评价选择最佳设计方案。

（5）制品设计。在大量试验的基础上，综合考虑塑料制品的性能、工艺性和经济性等，选择最佳制品设计方案，进行制品设计，绘制正规制品图样，图样上必须注明塑料制品的牌号。

（6）编制文件。编制塑料制品设计说明书和技术条件等文件。

1.2 塑料注射成型的原理与特点

注射成型是指将粒状或粉状塑料原料置于能加热的机筒内，使其受热塑化后通过螺杆或柱塞施加压力，使其熔体经机筒末端的喷嘴注入到所需形状的模具中填满模腔，经冷却定型后脱模，即得到所需形状的制品。通常把塑料原料、注射机和模具称为注射成型三要素，而把成型压力、成型温度和成型周期称为注射成型的三原则。

1.2.1 注射成型的基本原理

热塑性塑料和热固性塑料中的绝大多数可适用于注射成型工艺，现以热塑性塑料为例简述注射成型原理。

将树脂等物料通过料斗送入机筒中，机筒中设有由注射液压缸带动的柱塞或螺杆，将物料送到机筒的加热区，物料在加热区软化并被加热到要求温度。在柱塞或螺杆推移下，热熔体被注入闭合的模具中。注模系统固定在注射机的装模板上。锁模系统保证注模的闭合，并提供注射机必要的锁模力。注射机装有时间调节系统，可以控制注射周期的操作程序。注射机原理如图 1-1 所示。

图 1-1　注射机的原理图

1—电加热器　2—加热机筒

熔体塑料充满型腔后，再给模具注入冷水冷却，使塑料凝固成型，然后开启模具取出制品即可。注射机随后复位，进行下一次注射。注射成型周期长短取决于制品的壁厚、大小、形状、注射机的类型以及所采用的塑料品种和工艺条件等。

注射成型生产周期短，生产率高，能制造形状复杂、尺寸精确或带嵌件的制品。制品规格化、系列化、标准化，具有良好的装配性和互换性。注射机操作简便易行，模具更换方便，制品翻新快，可多腔成型，对各种塑料的成型适应性强。注射成型易于实现自动化，具有高速化生产、经济效益好等特点，是一种比较先进的成型工艺。

1.2.2　注射成型在塑料加工中的地位

从表 1-1 和注射成型的原理与特点可以看出，注射成型是目前塑料加工中普遍采用的一种重要成型方法，几乎所有的热塑性塑料和部分热固性塑料都可以这样成型。注射成型可以在比较高的生产率下生产各种形状的满足各种要求的高精度、高质量的塑料产品。注射模塑制品占塑料制品总量的 20%～30%。用注射成型方法制造的制品主要是各种工业配件，如仪器仪表的零件和壳体、各种齿轮、螺钉、螺母、轴承、手柄、密封圈、阀件、活门、纱管、开关、接线柱、管道、管接头、容器等。总之，在塑料加工行业领域，注射成型占有重要地位。

塑料注射成型是利用塑料三种状态，借助于注射机和模具制造出所需要的塑料制品。尽管所用的注射机不尽相同，但要完成的工艺内容和基本过程还是相同的。下面以卧式螺杆注射机的加工过程为例予以说明。

1. 合模与锁紧　一般以合模作为注射成型过程的始点，合模过程中动模板的移动速度需符合慢—快—慢的要求，而且有低压保护阶段。低压保护的作用一方面是保证模具平稳地合模、减小冲击、缩短闭模时间，从而缩短成型周期，另一方面是当动模与定模快要接近时，避免模具内有异物或模内嵌件松动脱落而损坏模具。最后为高压低速锁模阶段，该阶段的作用是保证模具有足够的锁紧力，以免在注射、保压时产生溢边等现象。

2. 注射装置前移　当合模机构闭合锁紧后，注射座整体移动液压缸工作，使注射装置前移，保证喷嘴与模具流道口贴合，为注射阶段做好准备。

表 1-1　塑料适宜的各种成型方法

成型方法 ＼ 塑料种类	模压	传递模塑	层合 高压	层合 低压	注射	挤塑	吹塑	压延	板材 热成型	板材 冷成型	浇铸	搪塑	回转成型	发泡成型
ABS					最	最	可	可	最	可				最
A/S					最	可	可							
CA					最	可							可	
EP	最	最	可	最	可						最			
EVA	可				最	最	可							最
MF	最	最	最		可									
PA	可				最	可								
PC	可				最	可	可		可					
PDAP	最	可		最	可					可				
PE	可				最	最	可		可					最
PF	最	最	最		最							可	可	
PMMA	可				最	可			最		可			
POM					最	最	可							
PP					最	最	可		可	可			可	可
PPO					最	最	可							
PS					最	最	最		最					最
PTFE	最					可								
PUR	可	可							最			最		
PVC				最	可	可	可	最	最			可	可	最
UF	最	最	最		可							可		
UP	最	可		最	可							可		

注：最——最适用的方法，可——可以采用的方法。CA——乙酸纤维素，EVA——乙烯-醋酸乙烯共聚物，MF——三聚氰胺-甲醛树脂，PDAP——聚邻苯二甲酸二烯丙酯。

　　3．注射与保压　完成上述两个工作过程后，注射装置的注射液压缸工作，推动注射机螺杆前移，使机筒前部的熔料以高压高速注入模腔内。熔料注入模腔后，由于模具的冷热传导，使模腔内物料产生体积收缩。为了保证塑料制品的致密、尺寸精度、强度和刚度，必须使注射系统对模具施加一定的压力进行补料，直到浇注系统（关键是浇口处）的塑料冻结为止。

　　4．制品冷却和预塑化　随着模具的进一步冷却，模具浇注系统内的熔料逐渐冻结，尤其当浇口冻结时，保压已失去了补料作用，此时可卸去保压压力，使制品在模内充分冷却定型。

　　同时，螺杆传动装置带动螺杆传动，料斗内的塑料经螺杆向前输送，在机筒加热系统的外加热和螺杆的剪切、混炼作用下，塑料依次熔融塑化，并由螺杆输送到机筒端部，产生一定的压力。这个压力是根据加工塑料来调节注射机液压系统的背压阀和克服螺杆后退的运动阻力建立的，统称为预塑背压，其目的是保证塑化质量。由于螺杆不停地转动，熔料也不断地向机筒端部输送，螺杆端部产生的压力迫使螺杆连续向后移动。当后移到一定距离，机筒端部的熔料足够下次注射量时，停止预塑。由于制品冷却和预塑同时进行，一般要求预塑时间不超过制品冷却时间，以免影响成型周期。

　　5. 注射装置后退　注射装置是否后退根据所加工塑料工艺而定。有的在预塑化后退回，有的在预塑化前退回，有的注射装置根本不退回（如热流道模具）。注射装置退回的目的是避免喷嘴与冷模长时间接触使喷嘴内料温过低影响下次注射和制品质量。有时为了便于清料，也使注射装置退回。

　　6. 开模和顶出制品　模具内的制品冷却定型后，合模机构就开启模具。在注射机的顶出系统和模具的顶出机构联合作用下，将制品自动顶落，为下次成型过程做好准备。

　　可将注射机的上述动作按时间先后程序绘成循环框图，如图 1-2 所示。

图 1-2　注射机工作过程

1.3　注射模具设计理论

1.3.1　注射模具的基本结构

　　注射模具具有使用寿命长，可成型复杂形状的塑料制品等优点。注射模具的结构是由注射机的形式和制品的复杂程度等因素决定的。尽管注射模具有各种结构形式，但均可分为动模和定模两大部分。注射时动模与定模闭合构成型腔和浇注系统，开模时动模与定模分离，取出制品。定模安装在注射机的固定模板上，直接与喷嘴口或浇口套接触，一般为型腔组成部分。动模则安装在注射机的移动模板上，并随模板移动，与定模部分分开或合拢，一般抽芯和顶出机构在这个部分。图 1-3 所示为典型的注射模具，它通常由以下几部分组成。

　　1. 模具型腔　是模具中直接成型塑料制品的部分，通常由凸模（成型制品内部形状）、凹模（成型制品外部形状）、型芯或成型杆、镶块等组成。模具的型腔由动模和定模联合构成，如图 1-3 所示模具的型腔由 13、14 组成。为保证塑料制品表面光洁美观和容易脱模，凡与塑料接触的型腔表面，其表面粗糙度一般应较小，最好小于 $Ra0.2\mu m$。

图 1-3　单分型面注射模具

1—定位圈　2—浇口套　3—定模底板　4—定模板　5—动模板　6—动模垫板　7—模脚　8—顶出板
9—顶出底板　10—拉料杆　11—顶杆　12—导向柱　13—凸模　14—凹模　15—冷却水信道

2. 浇注系统　是指塑料熔体从注射机喷嘴进入模具型腔的流道部分，由主流道、分流道、浇口、冷料穴所组成，如图 1-4 所示。

（1）主流道是模具中连接喷嘴至分流道或型腔的一段信道。主流道顶部呈凹球面，以便与喷嘴衔接。进口直径稍大于喷嘴直径，一般为 4~8mm，以避免溢料，并沿进料方向逐渐增大，放大角度一般为 3°～5°，以便于流道赘物的脱模。

图 1-4　浇注系统示意图

（2）分流道是多模腔中连接主流道和各浇口的信道。为使熔料以等速度充满各型腔，分流道在模具上应呈对称、等距的排列分布。分流道截面的形状和尺寸对熔体的流动、制品脱模和模具制造的难易都有影响。常见的分流道是梯形或半圆形截面，并开设在带有脱膜杆的一半模具上。在满足注射工艺和加工制造要求的前提下，应尽量减小流道的截面面积和长度，以减少分流道赘物。

（3）浇口是接通分流道（或主流道）与型腔的信道。常见的浇口有：直浇口、侧浇口、盘形浇口、环形浇口、轮辐浇口、扇形浇口、点浇口、潜伏浇口、护耳浇口等。浇口的作用是控制料流，使从流道注入的熔料充满模腔后不倒流，便于制品与流道分离。根据以上作用，浇口截面面积宜小不宜大，宜短不宜长。浇口位置一般选定在制品最厚且不影响外观的地方。

（4）冷料穴是设在主流道末端的一个空穴，用以捕集喷嘴端部两次注射之间所产生的冷料，从而防止分流道或浇口的堵塞，并避免因冷料进入型腔而形成制品的内应力。冷料穴的直径一般为 8～10mm，深 6mm。为了便于脱出主流道赘物，冷料穴底部常用具有曲折钩形或下陷沟槽头的脱模杆承托。

3. 导向部分 模具的定模和动模部分分别安装在注射机的固定模板和移动模板上。在注射成型过程中处于往复闭合和开启状态。为确保动模和定模合模时准确对中而设置导向零件，通常有导向柱（如图1-3所示的12）、导向孔或在动模定模上分别设置互相吻合的内外锥面。有的注射模具的顶出装置为避免在顶出过程中顶出板歪斜，也设有导向零件，使顶出板保持水平运动。

4. 分型抽芯机构 带有外侧凹或侧孔的制品，在被顶出以前必须先侧向分型，拔出侧向凸模或抽出侧型芯，然后才能顺利脱出。

5. 顶出装置 又称脱模装置。制品在模具内冷却定型后，为了取出制品，模具上一般设置顶出装置。有的在开模过程中将制品从模具中顶出，有的在开模后顶出制品。这与所用的注射机和模具上设置的顶出装置类型有关。图1-3所示的顶出装置由顶杆11和顶出板8、顶出底板9及主流道拉料杆10组成。

6. 冷却加热系统 为了满足注射工艺对模具温度的要求，模具设有冷却或加热系统。冷却系统一般是在模具内开设冷却水道；加热系统则在模具内部或周围安装加热组件，如电热棒、电热板、电热圈等。

7. 排气系统 为了在注射过程中将型腔内的空气排出，常在分型面处开设排气槽。但是小型制品排气量不大，可直接利用分型面排气，许多模具的顶杆或型芯与模具的配合间隙均可起排气作用，故不必另外开设排气槽。

8. 模具安装部件 模具安装部件有两个作用，一是可靠地把模具安装在注射机的模板上；二是利用安装部件调节模具厚度，使模具厚度符合所用注射机的要求。

📖 1.3.2 塑料注射模具设计依据

塑料注射模具设计的主要依据，就是客户所提供的塑料制品图和实样。模具设计人员必须对制品图样和实样进行详细的分析，同时在设计模具时逐一核对以下项目：

1. 尺寸精度和相关尺寸的正确性 根据塑料制品在整个产品中的具体要求和功能，来确定其外观质量和具体尺寸属于哪一类型。一般有三种情况：一是外观质量要求高、尺寸精度要求低的塑料制品，如玩具的外形件，其外观必须美观，具体尺寸除装配尺寸外，其余尺寸只要视觉较好、形状逼真即可；二是功能性塑料制品，尺寸要求严格，尺寸公差必须在允许的范围内，否则会影响制品的性能，如塑料齿轮；三是外观与尺寸都有严格要求的塑料制品，如照相机用塑料件、塑料光学透镜等。对于要求严格的尺寸，如果某些尺寸公差已经超出标准要求，就要进行具体分析，看能否在试模过程中进行调整以达到要求。

2. 脱模斜度是否合理 脱模斜度直接关系到塑料制品在注射过程中是否能够顺利成型取出，因此要求制品具有足够的脱模斜度。

3. 制品壁厚及其均匀性 制品壁厚应该适当而且均匀，否则会直接影响制品的成型质量和成型后的尺寸。

4. 塑料种类 各种不同的塑料有共性，也有其各自的特性。在设计模具时必须考虑塑料特性对模具的影响和要求，以便采取相应的设计方案。因此必须充分地了解塑料名称、牌号、生产厂家及收缩率等情况。例如，在成型含有玻璃纤维增强的塑料时，模具型腔和型芯要有较高的硬度和耐磨性；而在成型阻燃性塑料时，其型腔和型芯必须具有防腐蚀的性能，以防止在注射过程中挥发的腐蚀性气体腐蚀模具。另外，不同生产厂家的塑料色彩和收缩率也不尽相同。

5．表面要求　塑料制品的表面要求，系指塑料制品的表面粗糙度及表面皮纹要求。模具成型表面的粗糙度对于成型透明制品和非透明制品有所不同。成型透明制品要求型腔和型芯的表面粗糙度相同；成型非透明制品时，型腔、型芯的表面粗糙度可以有所不同。成型装饰面的模具部位应具有较高的表面粗糙度要求，而对于非装饰面，在不影响脱模的情况下，其模具表面可以粗糙一些。

塑料制品表面粗糙度要求，应按照制品表面质量要求来确定，可根据《塑料模具型腔表面粗糙度样块和塑料样板技术要求及评定方法》（HB 6841—1993）来选定。

塑料制品表面皮纹要求，应按专业厂家提供的塑料皮纹样板选择。在设计具有表面皮纹要求的模具时，要特别注意侧面皮纹对制品脱模的影响，其侧面的脱模斜度应为 2°～3°。

6．塑料制品的颜色　在一般情况下，颜色对模具设计没有直接影响，但在制品壁厚较厚、制品较大的情况下，易产生颜色不匀，而且制品颜色越深，其制品缺陷暴露得也越明显。

7．塑料制品成型后是否有后处理　某些塑料制品在成型后需进行热处理或表面处理。需进行热处理的制品在计算成型尺寸时，要考虑热处理对其尺寸的影响。需进行表面处理的制品，如需表面电镀的制品，若制品较小而批量又很大时，则必须考虑设置辅助流道，将制品连成一体，待电镀工序完成后，再将制品与辅助流道分开。

8．制品的批量　制品的生产批量是设计模具的重要依据之一，因此客户对月批量、年批量、总批量必须提供一个范围，以便在设计模具时，使模具的腔数、大小、材料及寿命等方面能与批量相适应。

9．注射机规格　在接收客户订货时，客户必须对所用注射机提出明确的规格，以作为模具设计时的依据。在所提供的注射机规格中应包括以下内容：

（1）注射机型号及生产厂家。

（2）注射机最大注射容积（最大注射量）。

（3）注射机锁模力。

（4）注射机喷嘴球面半径及喷嘴孔径。

（5）注射机定位孔直径。

（6）注射机拉杆内间距。

（7）注射机容模量（允许的模具最大、最小闭合高度）。

（8）注射机的顶出方式（液压顶出或机械顶出以及顶出点位置、顶杆直径）。

（9）注射机开模行程及最大开距。

（10）必要时还要提供注射机顶出行程及顶出力。

10．其他要求　客户在提出订货时，除了提供必要的设计依据之外，有的客户甚至还对模具提出一些具体要求，如腔数及同一模中成型制品的种类、浇口形式、模具形式（二板模或三板模）、顶出方式及顶出位置、操作方式（手动、半自动、全自动）、型腔型芯的表面粗糙度等，甚至对型腔、型芯所用钢材的牌号及热处理硬度都提出具体要求。

以上这些内容，模具设计人员必须进行认真的考虑和核对，以便满足客户的要求。

1.3.3 塑料注射模具的一般设计程序

模具设计人员，必须按客户所提供的上述依据和要求认真进行模具设计。模具设计，就是将上述要求逐一具体化，并以图样或技术文件的形式表示出来。其设计过程基本按以下程序进行。

1. 对塑料制品图及实样的分析和消化　在进行模具设计之前，首先对产品图或实样进行详细的分析和消化，其内容包括以下几个方面：

（1）制品的几何形状。

（2）制品的尺寸、公差及设计基准。

（3）制品的技术要求（即技术条件）。

（4）制品所用塑料名称、牌号。

（5）制品的表面要求。

2. 注射机型号的确定　主要根据塑料制品的大小及生产批量。设计人员在选择注射机时，主要考虑其塑化率、注射量、锁模力、安装模具的有效面积（注射机拉杆内间距）、容模量、顶出形式及顶出长度等。倘若客户已提供所用注射机的型号或规格，设计人员必须对其参数进行校核，若满足不了要求，则必须与客户商量更换。

3. 型腔数量的确定及型腔排列　型腔数量主要依据以下因素进行确定：

（1）制品重量与注射机的注射量。

（2）制品的投影面积与注射机的锁模力。

（3）模具外形尺寸与注射机安装模具的有效面积（或注射机拉杆内间距）。

（4）制品精度。

（5）制品颜色。

（6）制品有无侧抽芯及其处理方法。

（7）制品的生产批量（月批量或年批量）。

（8）经济效益。

以上这些因素有时是互相制约的，因此在确定设计方案时必须进行协调，以保证满足其主要条件。

型腔数量确定之后，便进行型腔的排列，亦即型腔位置的布置。型腔的排列涉及模具尺寸、浇注系统的设计、浇注系统的平衡、抽芯（滑块）机构的设计、镶件及型芯的设计以及热交换系统的设计。以上这些问题又与分型面及浇口位置的选择有关，所以在具体设计过程中，要进行必要的调整，力求完美。

4. 分型面的确定　分型面在一些国外的产品图中已做具体规定，但在很多的模具设计中要由模具设计人员来确定。一般来讲，在平面上的分型面比较容易处理，有时碰到立体形式的分型面就应当特别注意。分型面的选择应遵照以下原则：

UG NX
10.0

（1）不影响制品的外观，尤其是对外观有明确要求的制品，更应注意分型面对外观的影响。

（2）有利于保证制品的精度。

（3）有利于模具加工，特别是型腔的加工。

（4）有利于浇注系统、排气系统、冷却系统的设计。

（5）有利于制品的脱模，确保在开模时使制品留于动模一侧。

（6）便于金属嵌件的安装。

5．侧向分型与抽芯机构的确定　在设计侧向分型机构时，应确保其安全可靠，尽量避免与顶出机构发生干扰，否则在模具上应设置先复位机构。

6．浇注系统的设计　包括主流道的选择、分流道截面形状及尺寸的确定、浇口位置的选择、浇口形式及浇口截面尺寸的确定。

当采用点浇口时，为了确保分流道的脱落，还应注意脱浇口装置的设计。

在设计浇注系统时，首先选择浇口的位置。浇口位置选择的适当与否，将直接关系到制品的成型质量及注射过程能否顺利进行。浇口位置的选择应遵循以下原则：

（1）浇口位置应尽量选择在分型面上，以便于模具加工及使用时清理浇口。

（2）浇口位置与型腔各个部位的距离应尽量一致，并使其流程为最短。

（3）浇口的位置应保证熔料流入型腔时对着型腔中宽畅、厚壁部位，以便于熔料的流入。

（4）避免熔料在流入型腔时直冲型腔壁、型芯或嵌件，并能尽快流入到型腔各部位，并避免型芯或嵌件变形。

（5）尽量避免使制品产生熔接痕，或使其熔接痕产生在制品不重要的部位。

（6）浇口位置及流入方向，应使熔料在流入型腔时，能沿着平行型腔的方向均匀地流入，并有利于型腔内气体的排出。

（7）浇口应设置在制品上最易清除的部位，同时尽可能不影响制品的外观。

7．排气系统的设计　排气系统对确保制品成型质量起着至关重要的作用，其排气方式有以下几种：

（1）利用排气槽。排气槽一般设在型腔最后被充满的部位。排气槽的深度因塑料不同而异，基本上是以制品不产生飞边所允许的最大间隙来确定。

（2）利用型芯、镶件、推杆等的配合间隙或专用排气塞排气。

（3）有时为了防止制品在顶出时造成真空变形，必须设计进气销。

（4）有时为了防止制品与模具的真空吸附而设计防真空吸附组件。

8．冷却系统的设计　是一项比较繁琐的工作，既要考虑冷却效果及冷却的均匀性，又要考虑冷却系统对模具整体结构的影响。冷却系统的设计包括以下内容：

（1）冷却系统的排列方式及冷却系统的具体形式。

（2）冷却系统的具体位置及尺寸的确定。

（3）重点部位（如动模型芯或镶件）的冷却。

（4）侧滑块及侧型芯的冷却。

（5）冷却组件的设计及冷却标准组件的选用。

（6）密封结构的设计。

9．顶出系统的设计　制品的顶出形式归纳起来可分为机械顶出、液压顶出、气动顶出三大类。在机械顶出中有推杆顶出、推管顶出、推板顶出、推块顶出及复合顶出。

制品顶出是注射成型过程中最后一个环节，顶出质量的好坏将最后决定制品的质量，在设计顶出系统时应遵守下列原则：

（1）为使制品不致因顶出产生变形，推力点应尽量靠近型芯或难于脱模的部位，如制品上细长的中空圆柱多采用推管顶出。推力点的布置应尽量均匀。

（2）推力点应作用在制品承受力最大的部位，即刚性好的部位，如肋部、突缘、壳体形制品的壁缘等处。

（3）尽量避免推力点作用在制品的薄平面上，防止制品破裂、穿孔等。如壳体形制品及筒形制品多采用推板顶出。

（4）为避免顶出痕迹影响制品外观，顶出装置应设在制品的隐蔽面或非装饰表面。对于透明制品尤其要注意顶出位置及顶出形式的选择。

（5）为使制品在顶出时受力均匀，同时避免因真空吸附而使制品产生变形，往往采用复合顶出或特殊形式的顶出系统，如推杆、推板或推杆、推管复合顶出，或者采用进气式推杆、推块等顶出装置，必要时还应设置进气阀。

10．导向装置的设计　塑料注射模上的导向装置在采用标准模架时已经确定下来。一般情况下，设计人员只要按模架规格选用就可以了，但根据制品要求须设置精密导向装置时，则必须由设计人员根据模具结构进行具体设计。

一般导向分为动模与定模之间的导向、推板及推杆固定板的导向、推件板与动模板之间的导向、定模座板与推流道板之间的导向。

一般导向装置由于受加工精度的限制或使用一段时间之后配合精度降低，会直接影响制品的精度，因此对精度要求较高的制品必须另行设计精密导向定位装置。

有的已经标准化的精密定位组件，如锥形定位销、定位块等可供选用，但有些精密导向定位装置需根据模具的具体结构进行专门设计。

11．模架的确定和标准件的选用　以上内容全部确定之后，便根据所定内容设计模架。在设计模架时，尽可能地选用标准模架，确定出标准模架的形式、规格及标准代号。

标准件包括通用标准件及模具专用标准件两大类。通用标准件如紧固件等，模具专用标准件如定位圈、浇口套、推杆、推管、导柱、导套、模具专用弹簧、冷却及加热组件、二次分型机构及精密定位用标准组件等。

必须指出的是，设计模具时应尽可能地选用标准模架和标准件。因为标准件有很大一部分已经商品化，可以在市场上随时买到，这对缩短制造周期及降低制造成本是极其有利的。

模架尺寸确定之后，对模具有关零件要进行必要的强度或刚性计算，以校核所选模架是否合适，尤其对大型模具，这一点尤为重要。

12．模具钢材的选用　模具成型零件（如型腔、型芯）材料的选用，主要根据制品的批量、塑料类别来确定。对于高光泽或透明的制品，主要选用40Cr13等类型的马氏体耐蚀不锈钢或时效硬化钢。对于含有玻璃纤维增强的塑料制品，则应选用Cr12MoV等类型的具有高耐磨性的淬火钢。当制品的材料为PVC、POM或含有阻燃剂时，必须选用耐蚀不锈钢。

当制品为一般塑料时，通常用预硬调质钢，若制品批量较大，则应选用淬火回火钢。

13. 绘制装配图　模架及有关内容确定之后便可以绘制装配图。在绘制装配图过程中，对已选定的浇注系统、冷却系统、抽芯机构、顶出系统等做进一步的协调和完善，从结构上达到比较完美的设计效果。

当采用标准模架时，其装配图的绘制可参照《塑料压缩模选用及绘图指南》（HB/Z 17—1992）中有关装配图的绘制方法进行。

14. 模具主要零件图的绘制　在绘制型腔或型芯图时，必须注意所给定的成型尺寸、公差及脱模斜度是否相互协调，其设计基准是否与制品的设计基准相协调。同时还要考虑型腔、型芯在加工时的工艺性和使用时的力学性能及可靠性。

当采用标准模架时，除标准模架以外的结构件，大部分可以不绘制结构件图。当必须绘制图样时，可参照 HB/Z 17—92《塑料压缩模选用及绘图指南》中有关零件图的绘制方法进行。

15. 设计图样的校对　模具图设计完成后，设计人员将设计图及有关原始资料及计算草稿一同交校对人员进行校对。

校对人员应针对客户所提供的有关设计依据及客户所提要求，对模具的总体结构、工作原理、操作的可行性等进行比较系统的校对。

16. 设计图样的会签　模具设计图样完成之后，必须交给客户认可。客户同意后，模具才可以备料投入生产。当客户有较大意见，需做重大修改时，在重新设计后必须再交客户认可，直至客户满意为止。

综合以上的模具设计程序，其中有些内容可以合并考虑，有些内容则要反复考虑，因为其中有些因素常常相互矛盾，必须在设计过程中通过不断论证、互相协调才能得到较好的处理，特别是涉及模具结构方面的内容，一定要认真对待，往往要做几个方案同时考虑，对每一种结构尽可能列出其各方面的优缺点，再逐一分析，进行优化。因为结构上的原因会直接影响模具的制造和使用，甚至造成整套模具报废，所以模具设计是保证模具质量关键性的一步，其设计过程就是一项系统工程。

1.4　模具的一般制造方法

1.4.1　模具的机械加工设备简介

用来加工模具结构零件的机械，大致上可分为 6 类。

1. 普通切削加工用机床

（1）车床是机床中最具代表性的机械，也是所有机械工厂不可缺少的设备。车床有卧式车床、高速车床、精密车床、立式车床、转塔车床、台式车床等。在模具加工中，除特殊情况外，一般都使用卧式车床。

车床的大小以床身上最大工件回转直径、刀架上最大工件回转直径、两顶尖间最大距离来表示。床身上最大工件回转直径及刀架上最大工件回转直径，是指不与床身和刀架接触、主轴能够支承的工件最大直径。

在模具零件加工中，广泛使用车床进行圆形凸模、凹模镶套、导柱、导套等圆柱形物体的切削加工，以及车锥形、镗孔、平端面、车螺纹、滚花等。

（2）钻床和车床一样，也是最常见的机床设备。常用的钻床有台钻、立式钻床、摇臂钻床等。在模具加工中，广泛使用钻床来钻孔、铰孔、扩孔、攻螺纹、孔端倒角。

钻床的大小用主轴锥孔号码、从立柱表面到主轴中心的最大距离和主轴至工作台面的最大距离表示。台钻的主轴上装有钻夹头，能安装直径较小的直柄钻头。立式钻床用于加工较大的工件，它可以使用直径较大的锥柄钻头。

摇臂钻床的摇臂能沿立柱上下升降及绕立柱回转，在摇臂上有水平导轨和主轴头。工件固定在工作台上不动，主轴头按各个孔的位置移动钻削。

（3）镗床除了能将已加工过的孔通过镗削扩大到所必需的尺寸之外，也可进行钻孔、铰孔、倒角。镗床广泛应用于有精度要求的大型模具导向孔和四角导向面的加工。另外还能用来加工圆筒形制品拉深模的凹模腔。

镗床分为卧式镗床和立式镗床两种。镗床的规格用主轴直径、主轴中心至工作台面的最大高度、最大镗削长度来表示。

（4）铣床使用的刀具种类很多，能够进行铣平面、铣槽、切断、铣端面、铣齿、铣螺旋槽、铣凸轮、铣不规则曲面等各种加工。铣刀的齿数多，切削速度快，生产效率高，所以常用铣床代替刨床的工作。

通常使用的铣床，按床身结构可分为升降台式和固定台式。升降台式的工作台可以上下、左右以及前后移动，通用性较大。固定台式的工作台不能上下移动，主要是作为大量生产同一制品为目的的生产性机床。

在塑料模具加工中，使用升降台式的铣床方便。在升降台式铣床根据主轴（铣刀轴）的方向分类如下：

1）卧式铣床的主轴水平，在升降台上有纵向工作台和床鞍。升降台可上下移动，床鞍可前后移动，纵向工作台能左右移动。这种卧式铣床能用作模具的平面加工、沟槽加工、凸模及电火花加工用电极的成形加工等。

2）万能铣床在卧式铣床的工作台和床鞍之间装有回转盘，使工作台可以旋转一定的角度，应用范围扩大，能够切削螺旋槽。但在模具加工中，不能充分发挥其效能。

3）立式铣床的主轴垂直于工作台，床身较高。主轴头通常是固定的，但也有能上下移动和转动的。立式铣床可以进行平面铣削、侧面加工、铣槽、成形铣削、钻孔、镗孔等工作，在模具制造中应用广泛。

（5）牛头刨床、龙门刨床、龙门铣床。

1）牛头刨床的滑枕在床身导轨上往复运动，刨刀固定在滑枕的前端，床身导轨前面的升降台能上下移动，安装工件的工作台能左右送进。这种机床的结构简单，操作方便，但加工速度和精度比铣床等要差，主要用于小型模板的平面加工和倒角等。

2）龙门刨床的切削运动是工件做往复运动、刀具进行送进。从结构上看，有由两个支柱和带移动刀架的横梁构成的龙门式和以一个立柱支承横梁的单柱式。后者的加工对象是特别宽的工件。龙门刨床主要用于大而重的模具零件的平面加工。

3）龙门铣床的结构和龙门刨床相似，工作台在床身底座上，以缓慢速度送进。在刀具方面，以多刃的铣刀取代龙门刨床的刨刀。在性能方面，相当于一台大型床身的铣床，可用作大型模具的平面切削、钻孔、立铣加工等。

2. 精密切削加工用机床　坐标镗床是以加工高精度孔为目的的机械设备，它能正确地加工出由直角坐标确定位置的孔，是加工精密模具不可缺少的机床设备。在加工连续模的凸模固定板、卸料板、凹模座等零件时，可直接加工，不必划线。加工精度以毫米为单位。设备要设置在恒温室中。能用坐标镗床进行的各种加工如图1-5所示。

钻中心孔　　　　钻孔　　　　钻深孔　　　　铰孔

立铣　　　　攻螺纹　　　　铣端面　　　　锪平面

镗孔　　　镗孔（不通孔）　　　镗孔　　　　锪孔

图1-5　坐标镗床加工举例

3. 成形切削加工用机床

（1）靠模机相当于立式带锯床。通常在工件平面加工好之后，用宽度狭小的锯片沿着划线形状进行直线或曲线切割加工，直至切出模具零件的轮廓形状。

在送进材料时，除了小型轻质的材料用手动送进之外，还有使用随动阀的液压送进装置和用光电仿形方式的自动送进装置。前者由液压牵引机构带动移送材料的引链，操作人员不必用力推送材料，只要控制方向即可。后者是在材料的涂黑表面上画出白色轮廓线，通过直流电动机控制工作台，使黑白分界线部位始终对准太阳电池的中心，位于分界线旁边的锯片刀齿进行自动仿形切断。

（2）仿形铣床有工具头和仿形头两个轴。仿形头前端的触针（仿形指）在模型上滑动，而工具头前端的刀具则随着触针做同步运动。由于模型和模具的形状尺寸成1：1对应关系，所以必须正确地制作模型。

冲裁模一类的模具零件只有轮廓要仿形，这种仿形方式叫二维仿形；底面有起伏的立体仿形叫三维仿形。二维仿形用的触针最好是圆柱状，三维仿形用的触针前端呈球状，所用的刀具为圆头雕刻铣刀或雕模刀。

仿形的动作操作有液压式和电气液压式等。仿形加工和数控加工相比，在加工精度和自动程度方面不如数控加工，但其加工形状在给定模型的情况下，可称为最合理的加工方法。

（3）雕刻机与刻模机的加工性能完全相同，刻模机与仿形铣床也无明确区别，这些机床的名称是混雕刻机。在刻模、雕刻加工中，触针沿着模型移动，可以雕刻出按模型缩小的工件。作为缩小的机构，一种是把触针和刀具固定在一根缩尺上，另一种是把触针和刀具固定在缩放仪上。前者用于非常浅的雕刻，后者是现在的雕刻机主体。平面雕刻机用作线形雕刻，即加工凹凸文字、标记等。立体雕刻机在雕刻立体凹凸形状的同时，也兼有平面雕刻机的功能。

（4）数控铣床不受模型多变的影响，适宜在重复生产和批量生产中应用。最近由于计算机使自动编程工作得到了迅速发展，大大地缩短了制作纸带的时间，使数控铣床的应用更加广泛。

用数控铣床加工时，从分析加工图样开始建立切削计划（夹具、刀具、加工顺序、加工条件），将考虑好的工艺规程写成工艺规程卡片，根据这些工艺规程在计算机中编写加工程序，信息处理装置（数控装置）根据该程序驱动设备。

（5）多任务序自动数控机床有各种各样的形式，从在单台数控立式铣床上附加自动交换工具装置（ATC），到在数控卧式镗床上，除ATC装置外再附加转位工作台、托板变换器以及托板箱等。对于模具类工件，在大部分能一次加工完毕的情况下，用立式多任务序自动数控机床较为有利。

ATC是将加工所必需的各种刀具预先安置在机床的刀具库内，加工过程中根据计算机的指令自动进行必要刀具的出入、交换工作，因而在模座加工中，当必须依次使用钻头、丝锥、立铣刀、铰刀、镗刀、端面铣刀等时，其效果最好。

ATC不需要从机械到机械之间的阶段变换，因此可以减少或取消机械变换中所必须的夹具或安装工具。由于多任务序自动数控机床的工具定位精度极高，而且重复精度也很高，所以以前采用坐标镗床加工的导柱孔也可以用多任务序自动数控机床加工。

4. 普通磨削加工用机床　外圆磨床和万能磨床的外形很相似，但外圆磨床主要是用于圆柱体、圆锥体及凸肩部位的磨削。

万能磨床和外圆磨床相比较，其主轴台和砂轮座能各自回转，除了能加工角度大的锥体之外还附有磨内孔的装置。外圆磨床的工作内容单纯，适用于强力磨削、批量生产。万能磨床的工作内容则比较丰富，常用来加工圆形凸模、导正销、导柱、导套等。

内圆磨床的砂轮轴是悬臂结构，加工的孔越深，砂轮轴越长，则工作条件越差，设计模具时必须考虑这一点。

平面磨床的砂轮轴有水平和垂直两种形式，工作台有往复运动形式和旋转运动形式。水平工作台往复式磨床的磨削速度慢，加工面美观，磨削精度高，在通常的平面磨削中被广泛使用，装上各种夹具和砂轮修正器后，还能用作模具的成形磨削加工。但由于它的砂轮轴是悬臂结构，刚性不足，故不宜用于重力磨削。

水平轴、圆工作台旋转式磨床适用于圆形、环形工件的平面磨削，但旋转工作台的外周和砂轮的外周都离工作台的旋转中心不远，所以工件的旋转速度慢。因此，在设计时要加快工作台的转速，使速度维持一定。立轴、工作台往复式及旋转式平面磨床的加工表面粗糙度较差，适用于重力磨削，是高效率生产用机种。

5. 精密磨削加工用机床 坐标磨床是以消除材料的热处理变形为目的而发展起来的。由于它能磨削孔距精度很高的孔以及各种轮廓形状，所以在模具制造中得到广泛应用。磨孔时，工件静止不动，砂轮做行星式的自转和公转，能磨削直径从 1mm 到 100mm 左右的孔，最适宜磨削高精度要求的凸模、凹模轮廓形状，也能磨削长方形槽孔、锥孔和底面。

6. 成形磨削加工用机床

（1）成形磨床也是模具加工用的精加工机床。因为是成形磨削（横向切入），所以对砂轮轴和支柱有刚性要求。另外，为了获得最合理的砂轮成形速度和磨削条件，要求砂轮轴可以变速，工作台的送进速度能在较大范围内变动。包括通用的平面磨床在内，成形磨床有许多种。

1）通用（成形）平面磨床是在普通的平面磨床上安装各种砂轮成形装置、夹具、投影仪等，进行模具的成形磨削。这种方法操作复杂，并需要熟练的技术。

2）缩放仪式砂轮成形磨床安装有一套仿形装置。砂轮成形时，将触针沿放大的靠模板做仿形移动，同时，金刚石工具根据仿形动作，将砂轮修整成和靠模板相似的形状。

3）光学曲线磨床的屏幕上有工件的放大图，把加工件和砂轮的外形也放大投影到屏幕上，将工件的投影与放大图做直接对比同时进行磨削，直到工件符合放大图所示的形状为止。所以，只要放大图画得准确，砂轮的磨损影响小，就能获得较好的精度，特别适用于金刚石砂轮进行高硬度材料的仿形磨削。

（2）数控成形磨床是用数控穿孔带自动进行高精度成形磨削用机床。数控成形磨床在利用程序加工件数多、形状复杂、要求精度均匀等情况下使用效果较好。

1.4.2 电火花加工方法

电火花加工是利用电火花的热能，对工件进行熔化、蒸发和飞散的非接触加工。图 1-6 所示为电火花加工装置原理图。电极和工件相对保持几微米到几十微米的间隙，中间充满着绝缘性的工作液（通常为煤油），在电极和工件间不断地发生火花放电，通过放电作用，以高密度的能量去除工件上的金属。在断续放电方法中，使用电容器并以晶体管为开关，将通往脉冲发生器的电流以断续的方式进行交替放电。伺服机构使电极和工件保持一定的间隙。这样的放电形式，能于 1s 内在电极和工件的相对表面间进行几十次到几十万次的反复放电加工。单次放电过程中，瞬间通过放电间隙的电流经过电阻极大的空气介质，电能转换为热能。电火花中心的温度高达数千摄氏度，并且热量不能迅速释放出去，同时高温空气产生高压，瞬间通过放电间隙的电流产生强烈的磁场，把电火花压缩为细线束状，即使一次放电的能量十分微小，但由于集高温高压于极其狭小的空间内，所以仍然可以汽化和甩开金属。

图1-6　电火花加工装置原理图

1. 电火花加工技术的主要特点

（1）能以柔克刚，所用的工具电极不需比工件材料硬，所以便于加工其他方法难以加工或无法加工的特殊材料，包括各种淬火钢、硬质合金、耐热合金等，不必像切削加工那样担心刀具不够硬而无法切削。

（2）加工时工具电极与工件不接触，两者之间的宏观作用力极小，所以便于加工小孔、探孔、窄缝零件，不致因工具或工件的刚度太低而无法加工。对于各种型孔、立体曲面、复杂形状的工件，均可采用成形电极一次加工，不必担心同时加工面积过大而引起切削力过大等问题。

2. 电火花加工技术的主要用途

（1）加工各种金属及其合金材料、特殊的热敏感材料、半导体和非半导体材料。

（2）加工各种成形表面，如各种模具型腔、模孔、成形刀具、样板、螺纹等。

（3）各种工件与材料的切断，包括材料的切断、特殊结构零件的切断、切割微细窄缝及微细窄缝组成的零件（如金属栅网、激光器件等）。

（4）工件的磨削，包括磨削小孔、深孔、内圆、外圆、平面等和成形磨削。

（5）表面强化，包括超高速淬火、渗氮、渗碳、电极材料的转移等。

（6）刻写、打印铭牌和标志等。

📖 1.4.3　电火花线切割加工方法

电火花线切割也是直接利用电能对金属进行加工的，但其加工方式与电火花加工不同，它能弥补电火花加工在加工精密、复杂和细小模具零件时的不足，比电火花机床操作更方便，效率更高，广泛应用于各种模具的加工中。

电火花线切割加工和电火花穿孔加工的原理是一样的，即利用火花放电使金属熔化并去除掉，从而实现各种形状金属零件加工。不过在线切割加工时是用连续移动的金属丝（称为电极丝）代替电火花穿孔加工的电极，线电极与高频脉冲电源的负极相接，工件则与电源的正极相接，利用线电极与工件之间产生的火花放电而腐蚀工件，如图1-7所示，同时使工件按照所需形状移动，这样便能将一定形状的工件切割出来。与电火花穿孔加工相比，电火花线切割加工具有如下特点：

图1-7　电火花线切割的原理图

（1）不需要制造电极。电火花穿孔加工要花较多的时间制造电极，而线切割加工是用金属丝（钼丝等）作为电极，故不必另制电极。

（2）不必考虑电极丝的损耗。电火花加工中电极损耗是不可避免的，而在线切割加工中电极丝是以一定的速度移动着的，始终是用未经电蚀加工的部分进行加工，故可不考虑电极丝的损耗。

（3）能加工出精密细小、形状复杂的零件。电火花线切割用的电极丝非常细（直径为 $0.04\sim0.2$mm），对于形状复杂的微细模具、零件或电极（如 $0.05\sim0.07$mm 的窄缝，小圆角半径的锐角，$R\leqslant0.03$mm 等），不必采用镶拼结构即能直接加工出来，而且具有较高的精度。

电火花线切割机床有三种：靠模仿形的、光电跟踪的、数控的。其中数控线切割机床应用最广。大多数电火花线切割机床是小型通用的，可加工尺寸范围是 150 mm×100 mm×60mm（长×宽×厚），在表面粗糙度 Ra 为 $1.6\sim0.8\mu$m 的情况下，加工精度可达±0.01mm，生产率为 $20\sim30$mm^2/min。

1.5 UG NX 10.0/Mold Wizard 概述

UG NX10.0 Mold Wizard（模具向导）是注射模具设计的专用应用模块，是一个功能强大的注射模具设计软件。

1.5.1 UG NX 10.0/Mold Wizard 简介

Mold Wizard 是按照注射模具设计的一般顺序模拟设计整个过程的，它只需根据一个产品的三维实体造型，就能建立一套与产品造型参数相关的三维实体模具。Mold Wizard 运用 UG 中知识嵌入的基本理念，根据注射模具设计的一般原理来模拟注射模具设计的全过程，提供了功能全面的计算机模具辅助设计方案，极大地方便了用户进行模具设计。

Mold Wizard 在 UG V 18.0 以前是一个独立的软件模块，先后推出了 1.0、2.0 和 3.0 版，到了 UG 8.0 版以后，正式集成到 UG 软件中作为一个专用的应用模块，并随着 UG 软件的升级而不断得到更新。

UG Mold Wizard 模块支持典型的塑料模具设计的全过程，即从读取产品模型开始，到如何确定和构造脱模方向、收缩率、分型面、模芯、型腔，再到设计滑块、顶块、模架及其标准零部件，最后到模腔布置、浇注系统、冷却系统、模具零部件清单（BOM）的确定等。同时还可运用 UG WAVE 技术编辑模具的装配结构、建立几何连接、进行零件间的相关设计。

在 Mold Wizard 中，模具相关概念的知识（如型芯和型腔、模架库和标准件）是用如 UG/WAVE 和 Unigraphics 主模型的强大技术组合在一起的。模具设计参数预设置功能允许用户按照自己的标准设置系统变量，如颜色、层、路径等。UG NX 10.0 具备以下优点：

1）过程自动化。

2）易于使用。

3）完全的相关性。

注意

虽然在 UG NX 10.0 中集成了注射模具设计向导模块，但不能进行模架和标准件设计，所以读者仍需要安装 UG NX 10.0 Mold Wizard，并且要安装到 UG NX 10.0 目录下才能生效。

1.5.2　UG NX 10.0/Mold Wizard 菜单选项功能简介

为方便后面的学习，在这一小节，将会把 UG NX 10.0/Mold Wizard 模块中所有的菜单选项功能做一个简单的介绍，各主要命令的详细介绍将会在后面的章节中讲到。

安装 UG NX 10.0 Mold Wizard 到 UG NX 10.0 目录下后，启动 UG NX 10.0，进入到图 1-8 所示的界面。单击屏幕左侧的【角色】选项 ，在弹出的选项板中选择【高级】选项，如图 1-9 所示。

图 1-8　UG NX 10.0 界面　　　　　　　　图 1-9　【角色】对话框

单击【文件】→【应用模块】→【所有应用模块】→【注射模向导】，如图 1-10 所示，或者单击【应用模块】选项卡中的【注塑模】按钮 ，系统进入注射模具设计环境，并弹出图 1-11 所示的【注射模向导】选项卡。

下面简单介绍以下功能区中各菜单选项的功能。

1. 初始化项目　　此命令是用来导入模具零件，是模具设计的第一步，导入零件后系统将生成用于存放布局、分模图素、型芯和型腔等信息的一系列文件。

2.【主要】面板

（1）多腔模设计 。在一个模具里可以生成形成多个塑料制品的型芯、型腔，此命令适用于一模多腔不同零件的应用。

图 1-10　菜单

图 1-11　【注塑模向导】选项卡

（2）模具 CSYS 。Mold Wizard 的自动处理功能是根据坐标系的指向进行的。例如一般规定 ZC 轴的正向为产品的开模方向，电极进给沿 ZC 轴方向，滑块移动沿 YC 轴方向等。

（3）收缩率 。收缩率是一个补偿当冷却时产生收缩的比例因子。由于产品在充模时，由相对温度较高的液态塑料快速冷却，凝固生成固体塑料制品，就会产生一定的收缩。一般情况下，必须把产品的收缩尺寸补偿到模具相应的尺寸里面，模具的尺寸为实际尺寸加上收缩尺寸。

（4）工件 。也叫毛坯，是用来生成模具型芯、型腔的实体，并且与模架相连接。工件的命令及尺寸可使用此命令定义。

（5）型腔布局 。用于指定零件成品在毛坯中的位置。在进行注射模设计时，如果同一产品进行多腔排布，只需要调入一次产品体，然后运用该命令即可。

（6）模架库 。是塑料注射成型工业中不可缺少的工具。模库架是型芯和型腔装夹、顶出和分离的机构。在 Mold Wizard 中，模架库都是标准的。标准模库架是由结构、形式和尺寸都标准化、系统化，并具有一定互换性的零件成套组合而成的模库架。

（7）标准部件库 。是把模具的一些常用的附件标准化，便于替换使用。在 Mold Wizard 中，标准部件库包括螺钉、定位圈和浇口套、推杆、推管、回程管以及导向机构等。

镶块、电极和冷却系统等都有标准部件库可以选择。

（8）顶杆后处理 ⊤ 。其实顶杆后处理也是一种标准件，用于在分模时把成品顶出模腔。该命令的目的是完成顶杆后处理长度的延伸和头部的修剪。

（9）滑块和浮升销库 。零件上通常有侧向（相对于模具的顶出方向）凸出或凹进的特征，一般正常的开模动作都不能顺利地分离这样的零件成品。这往往需要在这些部位建立滑块，使滑块在分模之前先沿侧向方向运动离开，然后模具就可以顺利开模分离零件成品。

（10）子镶块库 。一般是在考虑加工问题或者是模具的强度问题时添加的。模具上常常有一些特征，特别是有简单形状而比较细长的，或者处于难加工位置，为模具的制造添加了很大的难度和成本，这时就需要使用镶块。镶块的创建可以使用标准件，也可以添加实体创建，或者从型芯或型腔毛坯上分割获得实体再创建。

（11）浇口库 。浇口是液态塑料从流道进入模腔的入口。浇口的选择和设计直接影响塑件的成型，同时浇口的数目和位置也直接影响到塑件的质量和后续加工。要想获得好的塑件质量，塑料的流动速度、方向都是要认真考虑的，而浇口的设计对此影响很大。

（12）流道 。是浇道末端到浇口的流通通道。流道的形式和尺寸往往受到塑料成型特性、塑件大小和形状以及用户要求的影响。

（13）电极 。是模具制造中的一种特殊加工方法。注射模具通常具有非常复杂的型芯和型腔外形，因此数控车削、数控铣削以及线切割、电火花加工等特殊加工方法在模具制造过程中经常被采用。Mold Wizard 中电极正是为电火花加工设计电极用的。

（14）腔体 。腔体（建腔）用于在型芯、型腔上需要安装标准件的区域建立空腔并留出空隙，使用此功能时，所有与之相交的零件部分都会自动切除标准件部分，并且保持尺寸及形状上与标准件的相关性。

（15）物料清单 。也称作明细表，是基于模具装配状态产生的与装配信息相关的模具部件列表。创建的材料清单上显示的项目可以由用户选择定制。

（16）视图管理器 。用于对视图进行管理。

3.【注塑模工具】面板　就是用于修补零件中各种孔、槽以及修剪补块的工具，目的是能做出一个分型面，并且此分型面可以被 UG 所识别。此外，该工具可以简化分型过程，以及改变型芯、型腔的结构。

4.【分型刀具】面板　分型也叫分模，它是创建模具的关键步骤之一，目的是把毛坯分割成为型芯和型腔的一个过程。分型的过程包括了创建分型线、分型面，以及生成型腔、型芯的过程。

5.【冷却工具】面板　冷却用于控制模具温度。模具温度明显地影响收缩率、表面光泽、内应力以及注射周期等，模具温度控制是提高产品质量，提高生产率的一个有效途径。

6.【模具图样】面板　用于创建模具工程图。与一般的零件或装配体的工程图类似。

📖 1.5.3　Mold Wizard 参数设置

与 Pro/E 软件相似，UG NX Mold Wizard 4.0 以前的版本中也有进行参数设置的文件

GNX 10.0中文版模具设计从入门到精通

Mold_defaults.def，该文件存放在 Mold Wizard 安装目录下。在 UG NX 10.0 Mold Wizard
中，这个文件就被取消了，被集中到【用户默认设置】面板中。

选择【菜单】→【文件】→【实用工具】→【用户默认设置】命令，如图 1-12 所示。
系统打开图 1-13 所示的【用户默认设置】对话框。

用户可以按照控制面板中的说明进行自己的设置，这一部分内容就不再详细讲解了。

图 1-12　打开【用户默认设置】命令　　　　图 1-13　【用户默认设置】对话框

第 2 章

模具设计初始化工具

本章介绍了 Mold Wizard 进行模具型腔设计的初始化工具。通过本章的学习，读者可以创建模具设计项目，进行基本的参数设置，创建成型工件和进行多腔模的布局，这样就完成了模具设计的初始化过程，为整个的模具设计提供了一个实体平台框架。同时也应当指出的是，所谓的"模具设计"的主要工作是"拆模"的过程，即后续章节所涵盖的"型腔设计"内容，包括简易型腔设计和复杂型腔设计。在随后的章节里，将继续介绍相关工具，并给出了模具型腔设计实例，读者可以通过实际操作进一步掌握本章介绍的工具。

学 习 要 点

- ◎ 项目初始化和模具坐标系
- ◎ 收缩率
- ◎ 工件
- ◎ 型腔布局

2.1 项目初始化和模具坐标系

在进行产品模具设计时，必须要先将产品导入到模块中，项目初始化的目的就是要装载产品。在 Mold Wizard 模块中，系统默认的开模方向是 ZC 方向，模具坐标系的目的就是要调整新载入产品零件的方向和模具坐标一致。

通过本小节学习并结合后面练习的操作，能够掌握和理解产品如何装载到模具中，并能运用模具坐标系来设定模具的顶出方向。

2.1.1 项目初始化

初始化项目的目的就是要把产品零件装载到模具模块中。单击【注塑模向导】选项卡中的【项目初始化】按钮，系统弹出图 2-1 所示的【打开】对话框。

图 2-1 【打开】对话框

选择需要载入的产品零件后，系统弹出图 2-2 所示的【初始化项目】对话框。

1. 项目设置

（1）路径。单击【浏览】按钮，打开【打开】对话框，设定产品分模过程中生成文件的存放路径。也可以直接在【路径】后面的文本框输入。

（2）Name。系统默认项目名称的字符长度不能大于 11。

（3）材料。该部分用于对要进行分模的产品定义材料，单击后面的图标，弹出下拉菜单，用于选择材料名称。

（4）收缩。用于定义产品的收缩比例。若定义了产品用的材料，则在后面的文本框中会自动显示相应的收缩率参数。例如，ABS 材料的收缩率是 1.0060。也可以自定义所选材料的收缩率。

2. 设置

（1）项目单位。用于设定模具单位制，同时也可改变调入产品体的尺寸单位制。该组包括毫米和英寸两个单位制，可以根据需要选择不同的单位制。

（2）编辑材料数据库。单击该按钮后，系统将弹出图 2-3 所示的材料数据库，前提是所用计算机必须安装 Excel 软件。利用该数据库，可以更改和添加材料名称和收缩率。

图 2-2　【初始化项目】对话框

图 2-3　编辑材料数据库

完成设置后，单击【初始化项目】对话框中的【确定】按钮，系统自动载入产品数据，同时自动载入的还有一些装配文件，并都自动保存在项目路径下。单击屏幕右侧的装配导航器图标，可以看到图 2-4 所示的装配结构。

初始化项目的过程实际上是复制了两个装配结构，一个项目装配结构是 top，在其下面有 cool、fill、misc、layout 等装配元件；另一个产品结构装配结构是 prod，在其下面有原型文件、cavity、core、shrink、parting、trim 和 molding 等元件，如图 2-5 所示。

3．项目装配结构

（1）top：该文件是项目的总文件，包含和控制该项目所有装配部件和定义模具设计所必须的相关数据。

（2）cool：定义模具中冷却系统的文件。

（3）fill：定义模具中浇注系统的文件。

图 2-4　【装配导航器】面板　　　　　图 2-5　多重装配结构

（4）misc：定义那些通用标准件（如定位圈和定位环）的文件。

（5）layout：安排产品布局，确定包含型芯和型腔的产品子装配相对于模架的位置。layout 可以包含多个 prod 子集，即一个项目可以包含几个产品模型，用在多腔模具设计中。

4．产品结构装配结构

（1）prod：是一个独立的包含产品相关文件和数据的文件，下面包含 shrink、parting、cavity、core 等子装配文件。多型腔模具就是用阵列 prod 文件产生的，也可以通过【复制】和【粘贴】命令来实现多腔模具的制作。

（2）shrink：包含产品收缩模型的连接体文件。

（3）parting：包含产品分型片体、修补片体和提取的型芯、型腔侧的面，这些片体用于把隐藏着的成型镶件分割成型腔和型芯件。

（4）core：包含型芯镶件的文件。

（5）cavity：包含型腔镶件的文件。

（6）trim：包含了用于修剪标准件的几何物体。

（7）molding：模具模型

📖 2.1.2　模具坐标系

单击【注塑模向导】选项卡【主要】面板上【模具坐标系】按钮，系统弹出图 2-6 所示的【模具 CSYS】对话框。

（1）当前 WCS：设置模具坐标系与当前坐标系相匹配。

（2）产品实体中心：设置模具坐标系位于产品体中心。

（3）选定面的中心：设置模具坐标系位于所选面的中心。

在 Mold Wizard 中模具坐标系的原点必须落到模具分型面的中心，XC-YC 平面必须是模具装配的分型面，并且 ZC 轴的正向为模具的开模方向。为了能使产品体坐标与 UG 系统模具坐标系一致，在初始化

图 2-6　【模具 CSYS】对话框

项目后，需要通过双击坐标系来调整产品体的 WCS 坐标位置，然后再单击【模具坐标系】
按钮来锁定产品体的模具坐标。

　　事实上，一个模具项目中可能要包含几个产品，这时模具坐标系操作是把当前激活的
子装配体平移到合适的位置。任何时候都可以选择【模具坐标系】按钮来编辑模具坐标。

2.1.3　仪表盖模具设计——模具初始化

01 装载产品并初始化。

❶单击【注塑模向导】选项卡中的【初始化项目】按钮，弹出【打开】对话框，如
图 2-7 所示，在【打开】对话框中选光盘目录:\yuanwenjian\2-6\ex2-6.prt，产品模型如
图 2-8 所示。

图 2-7　【打开】对话框

❷在弹出的如图 2-9 所示的【初始化项目】对话框中设置【项目单位】为毫米;【name】
为 ex2-6，【材料】为尼龙。

❸单击【确定】按钮，完成初始化操作，产品初始化的结果如图 2-10 所示。这里可以
看到 WCS 的原点基本位于产品模型产品中心的位置。

02 定位模具坐标系。

❶单击【注塑模向导】选项卡【主要】面板上的【模具坐标系】按钮，弹出【模具 CSYS】
对话框。选择锁定 Z 位置和产品实体中心，如图 2-11 所示。

❷单击【确定】按钮，完成模具坐标系的创建，结果如图 2-12 所示。

图 2-9 【初始化项目】对话框

图 2-8 产品模型

图 2-10 产品装载

图 2-11 【模具 CSYS】对话框

图 2-12 创建坐标系

2.2 收缩率

收缩就是在高温和高压注射下，注入模腔的塑料所成型出来的制品比模腔尺寸小的量。所以在设计模具时，必须要考虑制品的收缩量并把它补偿到模具的相应尺寸中去，这样才可能得到比较符合实际产品尺寸要求的制品。收缩取决于材料、制品尺寸、模具设计、成型条件、注射剂类型等多种情况的影响，要预测一种塑料的准确收缩是不可能的。一般我们采用收缩率来表示塑料收缩性的大小。收缩率以 1/1000 为单位，或以百分率（%）来表示。

单击【注塑模向导】选项卡【主要】面板上的【收缩】按钮，弹出如图 2-13 所示的【缩放体】对话框。该对话框包括收缩类型、缩放点、比例因子等选项，利用该对话框可以完成对制品收缩率的设置。

1．选择类型

（1）均匀：整个产品体沿各个轴向均匀收缩。

（2）轴对称：整个产品体轴向均匀收缩，需要设定沿轴向和其他方向两个比例因子。一般用于柱形产品。

（3）常规：需要指定 X、Y、Z 三个轴向的比例系数。

2．选择体 选择需要设置收缩率的实体。当项目中只有一个产品体可以选择时，选项不可选，为灰色。当项目中同时存在几个不同的产品体，该选项变得可用。

3．指定点 选择产品体进行收缩设置的中心点，系统默认的参考点是 WCS 原点，沿各个轴向收缩率一致。当在前面选择收缩的设置类型是【均匀】和【轴对称】时，该选项可用；当选择【常规】收缩类型时，该选项不可用。

4．指定矢量 选择产品体进行缩放设置的矢量。当在前面选择收缩设置类型是【轴对称】时，该选项可用；如图 2-14 所示。当选择该选项时，系统会在屏幕上方出现提示，选择一个对象来判断矢量，同时在对话框中出现【指定矢量】选项，单击选项后面的，系统弹出下拉菜单，如图 2-15 所示。用来选择一个对象来定义参照轴，系统默认的是 Z 轴。

图 2-13 【缩放体】对话框

图 2-14 【轴对称】收缩类型设置 图 2-15 矢量方式下拉菜单

UG NX 10.0

5．指定 CSYS　选择产品体进行缩放设置的参考坐标系。当在前面选择收缩设置类型是【常规】时，该选项可用，如图 2-16 所示。当选择该选项时，系统会在屏幕上方出现提示，选择 RCS 或使用默认值，同时在对话框中出现【CSYS】选项，单击该选项，系统弹出【CSYS】对话框，如图 2-17 所示，用于选择参考点或参照轴。

6．比例因子　该选项用于设定沿各个方向缩放的比例系数。系统定义产品零件尺寸为基值 1，比例因子为基值 1 加上收缩率之和。

图 2-16　【常规】收缩类型设置　　　图 2-17　【CSYS】对话框

2.3　工件

工件也叫毛坯或模仁，是用来生成模具的型芯和型腔的实体，所以工件的尺寸就是在零件外形的尺寸基础上各方向都增加一部分尺寸。工件可以选择标准件，也可以自定义工件。工件的类型可以是长方体，也可以是圆柱体，并且可以根据产品体的不同形状，做出不同类型的毛坯。

2.3.1　成型工件设计

1．型腔的结构设计　型腔零件是成型塑料件外表面的主要零件。按结构不同可分为整体式和组合式两种。

（1）整体式型腔结构如图 2-18 所示。整体式型腔是由整块金属加工而成的，其特点是牢固、不易变形、不会使制品产生拼接线痕迹。但是由于整体式型腔加工困难，热处理不方便，所以常用于形状简单的中、小型模具上。

（2）组合式型腔结构是指型腔由两个以上的零部件组合而成。按组合方式的不同，组合式型腔结构可分为整体嵌入式、局部镶嵌式、侧壁镶嵌式和四壁拼合式等形式。

采用组合式凹模，可简化复杂凹模的加工工艺，减少热处理变形。拼合处有间隙，利于排气，便于模具的维修，节省贵重的模具钢。为了保证组合后型腔尺寸的精度和装配的牢固，减少制品上的镶拼痕迹，要求镶块的尺寸、形位公差等级较高，组合结构必须牢固，镶块的机械加工、工艺性要好。因此，选择较好的镶拼结构是非常重要的。

1）整体嵌入式型腔结构如图 2-19 所示。它主要用于成型小型制品，而且是多型腔的模具。各单个型腔采用机械加工、冷挤压和电加工等方法加工制成，然后压入模板中。这种结构加工率高，拆装方便，可以保证各个型腔的形状尺寸一致。

图 2-18　整体式型腔　　　　　　图 2-19　整体嵌入式型腔

图 2-19a、b、c 称为通孔台肩式，即型腔带有台肩，从下面嵌入模板，再用垫板与螺钉紧固。如果型腔嵌件是回转体，而型腔是非回转体，则需要用销钉或键回转定位。其中图 2-19b 采用销钉定位，结构简单，装拆方便；图 2-19c 是键定位，接触面积大，止转可靠；图 2-19d 是通孔无台肩式，型腔嵌入模板内，用螺钉与垫板固定；图 2-19e 是盲孔式型腔嵌入固定板，直接用螺钉固定，在固定板下部设计有装拆型腔用的工艺通孔，这种结构可以省去垫板。

2）局部镶嵌组合式型腔结构如图 2-20 所示，为加工方便或由于型腔的某一部分容易损坏，需经常更换，应采用这种局部镶嵌的办法。图 2-20a 所示为异形型腔，先钻周围的小孔，再加工大孔，在小孔内嵌入芯棒，组成型腔；图 2-20b 所示型腔内有局部凸起，可将此凸起部分单独加工，再把加工好的镶块利用圆形槽（也可用 T 形槽、燕尾槽等）镶在圆形型腔内；图 2-20c 所示是利用局部镶嵌的办法加工圆形环的凹模；图 2-20d 所示是在型腔底部局部镶嵌；图 2-20e 所示是利用局部镶嵌来加工长条形型腔。

图 2-20　局部镶嵌入式型腔

3）底部镶拼式型腔的结构如图 2-21 所示。为了机械加工、研磨、抛光、热处理方便，形状复杂的型腔底部可以设计成镶拼式结构。选用这种结构时应注意平磨结合面，抛光时应仔细，以保证结合处锐棱（不能带圆角）影响脱模。此外，底板还应有足够的厚度以免变形而进入塑料。

图 2-21　底部嵌拼式型腔

2．型芯的结构设计　成型制品内表面的零件称型芯，主要有主型芯、小型芯等。对于简单的容器，如壳、罩、盖之类的制品，成型起主要部分内表面的零件称主型芯，而将成型其他小孔的型芯称为小型芯或成型杆。

（1）主型芯按结构可分为整体式和组合式两种。整体式结构型芯如图 2-22a 所示的，其结构牢固，但不便加工，消耗的模具钢多，主要用于工艺实验或小型模具上的简单型芯。

图 2-22　主型芯结构

组合式主型芯结构如图 2-22b～e 所示。为了便于加工，形状复杂型芯往往采用镶拼组合式结构，这种结构是将型芯单独加工后，再镶入模板中。在图 2-22 b 为通孔台肩式，型芯用台肩和模板连接，再用垫板、螺钉紧固，连接牢固，是最常用的方法。对于固定部分是圆柱面，而型芯又有方向性的情况，可采用销钉或键定位；图 2-22c 所示为通孔无台肩式结构；图 2-22d 所示为盲孔式的结构；图 2-22e 所示结构适用于制品内形复杂、机加工困难的型芯。

镶拼组合式型芯的优缺点和组合式型腔的优缺点基本相同。设计和制造这类型芯时，必须注意结构合理，应保证型芯和镶块的强度，防止热处理时变形且应避免尖角与壁厚突变。

若小型芯靠主型芯太近，如图 2-23a 所示，热处理时薄壁部位易开裂，故应采用图 2-23b 所示的结构，将大的型芯制成整体式，再镶入小型芯。

在设计型芯结构时，应注意塑料的飞边不应该影响脱模取件，如图 2-24a 所示结构的溢料飞边的方向与脱模方向相垂直，影响制品的取出；而采用图 2-24b 所示的结构，其溢料飞边的方向与脱模方向一致，便于脱模。

图 2-23　相近小型芯的镶嵌组合结构　　　图 2-24　便于脱模的镶嵌型芯组合结构

1—小型芯　2—大型芯　　　　　　　　1—型芯　2—型腔零件　3—垫板

（2）小型芯是用来成型制品上的小孔或槽。小型芯单独制造后，再嵌入模板中。

圆形小型芯采用图 2-25 所示的几种固定方法，其中图 2-25a 所示结构使用台肩固定的形式，下面有垫板压紧；图 2-25b 所示结构中的固定板太厚，可在固定板上减小配合长度，同时细小的型芯制成台阶的形式；图 2-25c 所示是型芯细小而固定板太厚的形式，型芯镶入后，在下端用圆柱垫垫平；图 2-25d 适用于固定板厚、无垫板的场合，在型芯的下端用螺塞紧固；图 2-25e 所示为型芯镶入后在另一端采用铆接固定的形式。

图 2-25　圆形小型芯的固定形式

1—圆形小型芯　2—固定板　3—垫板　4—圆柱垫　5—螺塞

对于异形型芯，为了制造方便，常将型芯设计成两段。型芯的连接固定段制成圆形台肩和模板连接，如图 2-26a 所示；也可以用螺母紧固，如图 2-26b 所示。

图 2-27 所示的多个相互靠近的小型芯，如果台肩固定，台肩发生重叠干涉，可将台肩相碰的一面磨去，将型芯固定板的台阶孔加工成大圆台阶孔或长椭圆形台阶孔，然后再将型芯镶入。

3. 脱模斜度　由于塑料冷却后产生收缩，会紧紧包在凸模型芯上，或由于黏附作用，制品紧贴在凹模型腔内。为了便于脱模，防止制品表面在脱模时划伤等，在设计时必须使制品内外表面沿脱模方向具有合理的脱模斜度，如图 2-28 所示。

脱模斜度的大小取决于制品的性能和几何形状等。硬质塑料比软质塑料脱模斜度大；形状较复杂，或成型孔较多的制品取较大的脱模斜度；塑料高度较大，孔较深，则取较小的脱模斜度；壁厚增加，内孔包紧型芯的力大，脱模斜度也应取大些。

脱模斜度的取向根据制品的内外尺寸而定：制品内孔，以型芯小端为准，尺寸符合图样要求，斜度由扩大的方向取得；制品外形，以型腔（凹模）大端为准，尺寸符合图样要求，斜度由缩小方向取得。一般情况下，脱模斜度不包括在制品的公差范围内。表 2-1 列出了制品常用的脱模斜度。

图 2-26　异形小型芯的固定方式

1—异形小型芯　2—固定板　3—垫板　4—挡圈　5—螺母

图 2-27　多个互相靠近型芯的固定方式

1—小型芯　2—固定板　3—垫板

图 2-28　主型芯结构

表 2-1　制品的脱模斜度

塑料名称	脱模斜度	
	型腔	型芯
聚乙烯、聚丙烯、软聚氯乙烯、聚酰胺、氯化聚醚、聚碳酸酯	$25' \sim 45'$	$20' \sim 45'$
硬聚氯乙烯、聚碳酸酯、聚砜	$35' \sim 40'$	$30' \sim 50'$
聚苯乙烯、有机玻璃、ABS、聚甲醛	$35' \sim 1°30'$	$30' \sim 40'$
热固性塑料	$25' \sim 40'$	$20' \sim 50'$

注：本表所列的脱模斜度适用于开模后制品留在凸模上的情况。

4. 型腔的侧壁和底板厚度设计　塑料模型腔壁厚及底板厚度的计算是模具设计中经常遇到的重要问题，尤其对大型模具更为突出。目前常用的计算方法有按强度和按刚度条件计算两大类，但实际的塑料模却要求既不允许因强度不足而发生明显变形甚至破坏，也不允许因刚度不足而发生过大变形。因此要求对强度及刚度加以合理考虑。

在塑料注射模注射过程中，型腔所承受的力是十分复杂的。型腔所受的力有塑料熔体的压力、合模时的压力、开模时的拉力等，其中最主要的是塑料熔体的压力。在塑料熔体的压力作用下，型腔将产生内应力及变形。如果型腔壁厚和底板厚度不够，当型腔中产生的内应力超过型腔材料的许用应力时，型腔即发生强度破坏。与此同时，刚度不足则发生过大的弹性变形，从而产生溢料，影响制品尺寸及成型精度，也可能导致脱模困难等。可见模具对强度和刚度都有要求。

对大尺寸型腔，刚度不足是主要失效原因，应按刚度条件计算；对小尺寸型腔，强度不够则是失效原因，应按强度条件计算。强度计算的条件是满足各种受力状态下的许用应力。刚度计算的条件则由于模具的特殊性，可以从以下几个方面加以考虑：

（1）要防止溢料。模具型腔的某些配合面当高压塑料熔体注入时，会产生足以溢料的间隙。为了使型腔不致因模具弹性变形而发生溢料，此时应根据不同塑料的最大不溢料间隙来确定其刚度条件。如尼龙、聚乙烯、聚丙烯、聚丙醛等低黏度塑料，其允许间隙为 0.025～0.03mm；对聚苯乙烯、有机玻璃、ABS 等中等黏度塑料为 0.05mm；对聚砜、聚碳酸酯、硬聚氯乙烯等高黏度塑料为 0.06～0.08mm。

（2）应保证制品精度。制品均有尺寸要求，尤其是精度要求高的小型制品，这就要求模具型腔具有很好的刚性。

（3）要有利于脱模。一般来说塑料的收缩率较大，故多数情况下，当满足上述两项要求时已能满足本项要求。

上述要求在设计模具时其刚度条件应以这些项中最苛刻者（允许最小的变形值）为设计标准，但也不应无根据地过分提高标准，以免浪费钢材，增加制造难度。

设计一般常用计算法和查表法，圆形和矩形型腔的壁厚及底板厚度有常用的计算公式，但是计算比较复杂且烦琐。而且由于注塑成型的过程会受到温度、压力、塑料特性和制品形状复杂程度等因素的影响，公式计算的结果并不能完全真实地反应实际情况。通常一般采用经验数据或查有关表格，设计时可以参阅相关资料。

2.3.2　成型零件工作尺寸的计算

成型零件工作尺寸是指成型零件上直接用来构成制品的尺寸，主要有型腔、型芯及成型杆的径向尺寸，型腔的深度尺寸和型芯的高度尺寸，型腔和型腔之间的位置尺寸等。在模具的设计中，应根据制品的尺寸、精度等级及影响制品的尺寸和精度的因素来确定模具的成型零件的工作尺寸及精度。

1．影响制品成型尺寸和精度的要素

（1）制品成型后的收缩变化与塑料的品种、制品的形状、尺寸、壁厚、成型工艺条件、模具的结构等因素有关，所以确定准确的塑料收缩率是很困难的。工艺条件、塑料批号发生的变化会造成制品收缩率的波动，其误差为

$$\delta_s = (S_{max} - S_{min})L_s \qquad (2-1)$$

式中　δ_s——塑料收缩率波动误差（mm）；

S_{max}——塑料的最大收缩率；

S_{min}——塑料的最小收缩率；

L_s——制品的基本尺寸（mm）。

实际收缩率与计算收缩率会有差异，按照一般的要求，塑料收缩率波动所引起的误差

应小于制品公差的 1/3。

（2）模具成型零件的制造精度是影响制品尺寸精度的重要因素之一。模具成型零件的制造精度愈低，制品尺寸精度也愈低。一般成型零件工作尺寸制造公差值 δ_z 取制品公差值 Δ 的 1/4～1/3 或取 IT7～IT8 级作为制造公差，组合式型腔或型芯的制造公差应根据尺寸链来确定。

（3）模具成型零件的磨损。模具在使用过程中，由于塑料熔体流动的冲刷、脱模时与制品的摩擦、成型过程中可能产生的腐蚀性气体的锈蚀以及由于以上原因造成的模具成型零件表面粗糙度值提高而要求重新抛光等，均会造成模具成型零件尺寸的变化，型腔的尺寸会变大，型芯的尺寸会减小。

这种由于磨损而造成的模具成型零件尺寸的变化值与制品的产量、塑料原料及模具等都有关系，在计算成型零件的工作尺寸时，对于生产批量小的，模具表面耐磨性好的（高硬度模具材料或模具表面进行过镀铬或渗氮处理的），其磨损量应取小值；对于玻璃纤维做原料的制品，其磨损量应取大值。对于与脱模方向垂直的成型零件的表面，磨损量应取小值，甚至可以不考虑磨损量，而与脱模方向平行的成型零件的表面，应考虑磨损。对于中、小型制品，模具成型零件的最大磨损可取制品公差的 1/6；而大型制品，模具成型零件的最大磨损应取制品公差的 1/6 以下。

成型零件的最大磨损量用 δ_c 来表示，一般取 $\delta_c = \Delta/6$。

（4）模具安装配合的误差。模具的成型零件由于配合间隙的变化，会引起制品的尺寸变化。如型芯按间隙配合安装在模具内，制品孔的位置误差要受到配合间隙值的影响，若采用过盈配合，则不存在此误差。模具安装配合间隙的变化而引起制品的尺寸误差用 δ_i 来表示。

（5）制品的总误差

综上所述，塑件在成型过程产生的最大尺寸误差应该是上述各种误差的和，即

$$\delta = \delta_s + \delta_z + \delta_c + \delta_i \tag{2-2}$$

式中　δ——制品的成型误差；

　　　δ_s——塑料收缩率波动误差；

　　　δ_z——模具成型零件的制造公差；

　　　δ_c——模具成型零件的最大磨损量；

　　　δ_i——模具安装配合间隙的变化而引起制品的尺寸误差。

Δ 应不大于制品的成型误差应小于制品的公差值，即

$$\delta \le \Delta \tag{2-3}$$

（6）考虑制品尺寸和精度的原则。在一般情况下，塑料收缩率波动、成型零件的制造公差和成型零件的磨损是影响制品尺寸和精度的主要原因。对于大型制品，其塑料收缩率对其尺寸公差影响最大，应稳定成型工艺条件，并选择波动较小的塑料来减小误差；对于中、小型制品，成型零件的制造公差及磨损对其尺寸公差影响最大，应提高模具精度等级和减小磨损来减小误差。

2. 成型零部件工作尺寸计算　仅考虑塑料收缩率时，计算模具成型零件的基本公式为

$$L_m = L_s(1+S) \tag{2-4}$$

式中　L_m——模具成型零件在常温下的实际尺寸（mm）；

　　　L_s——制品在常温下的实际尺寸（mm）；

　　　S——塑料的计算收缩率。

由于多数情况下，塑料的收缩率是一个波动值，常用平均收缩率来代替塑料的收缩率，塑料的平均收缩率为

$$\bar{S} = \frac{S_{max} - S_{min}}{2} \times 100\% \tag{2-5}$$

式中　$\bar{S}$——塑料的平均收缩率；

　　　S_{max}——塑料的最大收缩率；

　　　S_{min}——塑料的最小收缩率。

图 2-29 所示为制品尺寸与模具成型零件尺寸的关系，模具成型零件尺寸决定于制品尺寸。制品尺寸与模具成型零件工作尺寸的取值规定见表 2-2。

图 2-29　制品尺寸与模具成型零件尺寸的关系

表 2-2　制品尺寸与模具成型零件工作尺寸的取值规定

序号	制品尺寸的分类	制品尺寸的取值规定		模具成型零件工作尺寸的取值规定		
		公称尺寸	偏差	成型零件	公称尺寸	偏差
1	外形尺寸 L、H	最大尺寸 L_s、H_s	负偏差 $-\Delta$	型腔	最小尺寸 L_M、H_M	正偏差 $\delta_z/2$
2	内形尺寸 l、h	最小尺寸 l_s、h_s	正偏差 Δ	型芯	最大尺寸 l_M、h_M	负偏差 $-\delta_z/2$
3	中心距 C	平均尺寸 C_s	对称 $\pm \Delta/2$	型芯、型腔	平均尺寸 C_M	对称 $\pm \delta_z/2$

（1）型腔和型芯的径向尺寸

型腔

$$(L_M)_0^{\delta_z} = [(1+\bar{S})L_s - x\Delta]_0^{\delta_z} \tag{2-6}$$

型芯

$$(l_M)_{-\delta_z}^0 = [(1+\bar{S})l_s + x\Delta]_{-\delta_z}^0 \tag{2-7}$$

式中　L_M、l_M——型腔、型芯径向工作尺寸，mm；

　　　$\bar{S}$——塑料的平均收缩率

　　　L_s、l_s——制品的径向尺寸，mm；

$\varDelta$——制品的尺寸公差，mm；

x——修正系数 制品尺寸大、精度级别低时，$x = 0.5$，

制品尺寸小、精度级别高时，$x = 0.75$。

- 径向尺寸仅考虑受 δ_s、δ_z 和 δ_c 的影响；
- 为了保证制品实际尺寸在规定的公差范围内，对成型尺寸需进行校核。

$$(S_{\max} - S_{\min})L_s(\text{或}l_s) + \delta_z + \delta_s < \Delta \tag{2-8}$$

（2）型腔和型芯的深度、高度尺寸

型腔 $$(H_M)_0^{\delta_z} = [(1 + \bar{S})H_s - x\Delta]_0^{\delta_z} \tag{2-9}$$

型芯 $$(h_M)_{-\delta_z}^0 = [(1 + \bar{S})h_s + x\Delta]_{-\delta_z}^0 \tag{2-10}$$

式中 H_M、h_M——分别为型腔、型芯的深度、高度工作尺寸，mm；

H_s、h_s——分别为制品的深度、高度尺寸，mm；

x——修正系数，制品尺寸大、精度级别低时，$x = 1/3$，

制品尺寸小、精度级别高时，$x = 1/2$。

- 深度、高度尺寸仅考虑受 δ_s、δ_z 和 δ_c 的影响；
- 为了保证制品实际尺寸在规定的公差范围内，对成型尺寸需进行校核：

$$(S_{\max} - S_{\min})H_s(\text{或}h_s) + \delta_z + \delta_s < \Delta \tag{2-11}$$

（3）中心距尺寸

$$C_M \pm \frac{\delta_z}{2} = (1 + \bar{S})C_s \pm \delta_z \tag{2-12}$$

式中 C_M——模具中心距尺寸（mm）；

C_s——制品中心距尺寸（mm）。

对中心距尺寸的校核如下：

$$(S_{\max} - S_{\min})C_s < \Delta \tag{2-13}$$

2.3.3 工件设置

单击【注塑模向导】选项卡【主要】面板上的【工件】按钮，弹出如图 2-30 所示的【工件】对话框。该对话框分为几个部分，如类型、工件方法、尺寸等。

工件方法：包括【用户定义的块】、【型腔-型芯】、【仅型腔】、【仅型芯】四种类型。

在设计工件时，有时根据产品体形状，需要自定义工件块。当选择【型腔-型芯】、【仅型腔】和【仅型芯】三个选项其中一种时，对话框如图 2-31 所示。

【型腔和型芯】定义工件型芯与型芯形状形同，而【仅型腔】、【仅型芯】是单独创建型腔或型芯，所以其工件形状可以不同。

图 2-30　【工件】对话框

图 2-31　改变后的【工件】对话框

2.3.4　仪表盖模具设计——定义成型工件

01 单击【注塑模向导】选项卡【主要】面板上的【工件】按钮，弹出【工件】对话框，如图 2-32 所示，在【定义类型】下拉列表中选择【参考点】选项。

02 输入 X 轴的负、正值为（90，90），Y 轴的负、正值为（70，70），Z 轴的负、正值为（30，60），单击【确定】按钮，视图区加载成型工件，如图 2-33 所示。

图 2-32　【工件】对话框

图 2-33　成型工件

<table>
<tr><td>2.4</td><td>型腔布局</td></tr>
</table>

利用模具坐标系，可以确定模具开模方向和分型面位置，但不能确定型腔在 X-Y 平面内的分布。为解决这个问题，UG NX 10.0 Mold Wizard 提供了型腔布局这一功能。利用该功能，能够准确地确定型腔的个数和型腔的位置。

2.4.1 型腔数量和排列方式

塑料制件的设计完成后，首先需要确定型腔的数量。与多型腔模具相比，单型腔模具有如下优点：塑料制件的形状和尺寸始终一致，在生产高精度零件时，通常使用单型腔模具。单型腔模具仅需根据一个制品调整成型工艺条件，因此工艺参数易于控制。单型腔模具的结构简单紧凑，设计自由度大，其模具的推出机构、冷却系统、分型面设计较方便。单型腔模具还具有制造成本低、制造简单等优点。

对于长期、大批量生产来说，多型腔模具更为有益，它可以提高制品的生产率，降低制品的成本。如果注射的制品非常小而又没有与其相适应的设备，则采用多型腔模具是最佳选择。现代注射成型生产中，大多数小型的制品成型都采用多型腔的模具。

1. 型腔数量的确定 在设计时，先确定注射机的型号，再根据所选注射机的技术规格及制品的技术要求，计算出选取的型腔数目；也有根据经验先确定型腔数目，然后根据生产条件，如注射机的有关技术规格等进行校核计算。但无论采用哪种方式，一般考虑的要点有：

（1）塑料制件的批量和交货周期。如果必须在相当短的时间内制造大批量的产品，则采用多型腔模具可提供独特的优越条件。

（2）质量的控制要求。塑料制件的质量控制要求是指其尺寸、精度、性能及表面粗糙度等。由于型腔的制造误差和成型工艺误差等影响，每增加一个型腔，制品的尺寸精度就降低 4%～8%，因此多型腔模具（$n>4$）一般不能生产高精度的制品。高精度的制品一般一模一件，保证质量。

（3）成型的塑料品种与制品的形状及尺寸。制品的材料、形状尺寸与浇口的位置和形式有关，同时也对分型面和脱模的位置有影响，因此确定型腔数目时应考虑这方面的因素。

（4）所选注射机的技术规格。根据注射机的额定注射量及额定锁模力计算型腔数目。

因此，根据上述要点所确定的型腔数目，既要保证最佳的生产经济性，又要保证产品的质量，也就是应保证塑料制件最佳的技术经济性。

2. 型腔的分布

（1）制品在单型腔模具中的位置。单型腔模具有制品在动模部分、定模部分及同时在动模和定模中的结构。制品在单型腔模具中的位置如图 2-34 所示，图 2-34a 所示为制品全部在定模中的结构；图 2-34b 所示为制品在动模中的结构；图 2-34c、d 所示为制品同时在定模和动模中的结构。

（2）多型腔模具型腔的分布。对于多型腔模具，由于型腔的排布与浇注系统密切相关，型腔的排布应使每个型腔都能通过浇注系统从总压力中均等地分得所需的足够压力，以保证塑料熔体能同时均匀充满每一个型腔，从而保证各个型腔的制品内在质量一致稳定。多型腔排布方法有平衡式和非平衡式两种。

图 2-34　制品在单型腔模具中的位置

1—动模座　2—定模板　3—动模型芯

1）平衡式多型腔排布如图 2-35a、b、c 所示。其特点是从主流道到各型腔浇口的分流道的长度截面形状、尺寸及分布对称性对应相同，可实现各型腔均匀进料，达到同时充满型腔的目的。

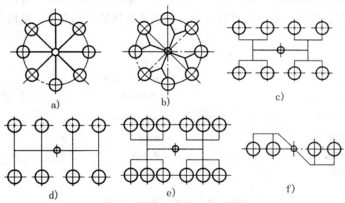

图 2-35　平衡式和非平衡式多模腔的排布

2）非平衡式多型腔排布如图 2-35d、e、f 所示。其特点是从主流道到各型腔浇口的分流道的长度不相同，因而不利于均衡进料，但这种方式可以明显缩短分流道的长度，节约原料。为了达到同时充满型腔的目的，往往各浇口的截面尺寸要不相同。

2.4.2　型腔布局设置

单击【注塑模向导】选项卡【主要】面板上的【型腔布局】按钮，系统弹出如图 2-36 所示的【型腔布局】对话框。

1. 布局类型　系统提供的布局类型包括【矩形】、【圆形】两种。矩形布局又可分为【平衡】和【线性】两个选项，圆形布局又可分为【径向】和【恒定】两个选项。

（1）矩形布局有平衡和线性之分。平衡布局需要设置型腔数量为 2 和 4。如果是 2 型腔布局，只需设定缝隙距离，如果是 4 型腔布局，则需设定第一距离和第二距离，如图 2-37 所示。

图 2-36　【型腔布局】对话框

　　进行矩形布局操作时，首先选择平衡或线性布局方式，接着选择型腔数（2 个或 4 个），输入方向偏移量，然后单击对话框中【开始布局】按钮，系统会在工作区显示如图 2-38 所示的 4 个偏移方向，用鼠标选取偏移方向。系统模仁的第二偏移方向是沿第一方向逆时针旋转 90°，所以在线性布局时，选择了第一偏移方向后，无需再选择第二方向了。最后生成布局。

图 2-37　矩形平衡布局设置

图 2-39 所示为利用【平衡】和【线性】布局选项生成的一模四腔不同布局的效果。

图 2-38　选择偏移方向　　　　　　　　　　图 2-39　平衡和线性的不同布局效果

　　（2）圆形布局包括径向布局和恒定布局两种。径向布局是以参考点为中心，产品上每一点都沿着中心旋转相同的角度；恒定布局则是产品体上到中心等于旋转半径的参考点旋转设定的角度，而产品零件整体是平移到该旋转点上，如图 2-40 所示。

　　进行圆形布局操作时，首先选择【径向】和【恒定】布局方式，然后输入【型腔数】和【起始角】，接着输入【旋转角度】和【半径】，完成输入后，单击【开始布局】按钮，生成型腔布局。

　　【径向】布局和【恒定】布局方式产生的不同布局效果如图 2-41 所示。

图 2-40　圆形布局选项

图 2-41　径向布局和恒定布局效果比较

2. 编辑布局　该选项组包括【编辑插入腔】、【变换】、【移除】和【自动对准中心】四个选项，用于对布局零件进行旋转、平移等操作。

（1）变换。单击【变换】按钮，弹出【变换】对话框。

变换类型。选择【旋转】类型，指定旋转中心点，选择好旋转中心点后，输入旋转角度。【移动原先的】用于把要旋转的零件旋转一定的角度；【复制原先的】是在要旋转的零件旋转一定的位置再新生成一个复制品，一个变成两个，如图 2-42 所示。

选择【平移】类型，弹出如图 2-43 所示的【平移】类型对话框，输入零件沿 X 向和 Y 向的平移距离，也可用后面的滑块来调整平移距离的大小。

选择【点到点】类型，弹出图 2-44 所示的【点到点】对话框，指定出发点和终止点来移动或复制。

图 2-42　【旋转】类型　　　图 2-43　【平移】类型　　　图 2-44　【点到点】类型

（2）移除。用于移除布局产生的复制品，原件不能被移除。

（3）自动对准中心。该选项用于把布局以后的零件整体的中心移动到绝对原点上。

2.4.3 仪表盖模具设计——定义布局

01 单击【注塑模向导】选项卡【主要】面板上的【型腔布局】按钮，弹出如图2-45所示的【型腔布局】对话框，选择【矩形】类型和【平衡】选项，指定矢量为【-X 轴】，型腔数设置为2。

02 单击【开始布局】按钮，在视图区进入选择布局方向的界面。

03 单击【型腔布局】对话框的【自动对准中心】按钮，该多腔模的几何中心移动到 layout 子装配的绝对坐标（ACS）的原点上，如图2-46所示。

图 2-45 【型腔布局】对话框

图 2-46 型腔布局结果

第 **3** 章

模具修补和分型

分型是一个基于塑胶产品模型的创建型芯和型腔的过程。分型功能可以快速的执行分型操作并保持与产品模型的相关性。在设计了工件之后，就可以使用分型功能。不过一般在使用分型工具之前，需要使用修补工具来对产品模型来做一些修正工作。

◎ 修补工具
◎ 分型管理器概述

3.1 修补工具

3.1.1 创建方块

创建箱体是创建一个长方体填充所选定的局部开放区域，经常用于不适合使用曲面修补和边线修补的地方，也是创建滑块的常用方法。

单击【注塑模向导】选项卡【注塑模工具】面板上的【创建方块】按钮，弹出如图3-1所示的【创建方块】对话框。

类型包括【中心和长方体】、【有界长方体】和【中心和圆柱体】三种，其中【中心和长方体】和【有界长方体】如图3-2所示，可以比较两者不同。

图3-1　【创建方块】对话框

图3-2　【中心和长方体】和【有界长方体】

选择对象选项用于选择面，当选择【包容块】时，该选项高亮显示，如图3-3所示。

参考CSYS用于在创建箱体时设置CSYS，方便箱体的创建。

3.1.2 分割实体

【分割实体】工具用于在工具体和目标体之间创建求交体，并从型腔或型芯中分割出一个镶件或滑块。

单击【注塑模向导】选项卡【注塑模工具】面板上的【分割实体】按钮，弹出图3-4所示的【分割实体】对话框。该对话框主要涉及目标体和刀具体的选择。

1. 目标　目标体可以是实体也可以是片体，直接用鼠标在工作区选择就可以了。

2. 刀具　刀具体用于分割或修剪目标体。选择实体、片体或基准平面作为分割/修剪面来分割或修剪目标体。

创建分割实体步骤：

（1）单击【注塑模向导】选项卡【注塑模工具】面板上的【分割实体】按钮，弹出【分割实体】对话框。

图 3-3 【创建方块】对话框　　　　　图 3-4 【分割实体】对话框

（2）选择目标体，可以是实体也可以是片体。

（3）选择分割面。

（4）单击【确定】按钮，系统弹出【修剪方式】对话框，确认修剪方向，选择【翻转修剪】或【分割】。如果方向正确，则单击【分割】，如果方向反了，选择【翻转修剪】。

（5）单击【确定】按钮，生成分割实体特征，如图 3-5 所示。

图 3-5　面性生成分割实体特征

3.1.3　实体补片

实体补片是一种建造模型来封闭开口区域的方法。实体补片比建造片体模型更好用，它可以更容易地形成一个实体来填充开口区域。使用实体补片代替曲面补片的例子就是大多数的闭锁钩。

单击【注塑模向导】选项卡【注塑模工具】面板上的【实体补片】按钮 ，弹出图 3-6 所示的【实体补片】对话框，系统自动选择产品实体，在工作区选择补片的工具实体，单击【确定】按钮，系统就自动进行修补。完成实体补片的特征如图 3-7 所示。

3.1.4　边缘补片修补

单击【注塑模向导】选项卡【分型刀具】面板上的【曲面补片】按钮 ，弹出图 3-8

所示的【边修补】对话框。

图 3-6 【实体补片】对话框

图 3-7 完成实体补片特征

1．面 曲面补片是最简单的修补方法，指修补完全包含在一个面的孔。

用于选择工作区中需要修补的面，选择面后，系统会自动搜索所选面上的孔，并高亮显示搜索到的每个孔。并将选中的孔添加到环列表中。

2．移刀 如果需要修补的孔不在一个面内，跨越了两个或三个面，或必须创建一个边界，但没有相邻边供选择，这时就需要边缘补片功能了。边缘补片功能通过选择一个闭合的曲线/边界环来修补一个开口区域。

用于选择边线，定义所需要修补面的边界。

3．体 用于选择工作区中需要修补的实体，选择实体后，系统会自动搜索所选实体上的孔，并高亮显示搜索到的每个孔。并将选中的孔添加到环列表中。

完成边修补的特征如图 3-9 所示。

图 3-8 【边修补】对话框

图 3-9 完成边修补特征

3.1.5　修剪区域补片

修剪区域补片是指使用选取的封闭曲线区域来封闭开口模型的开口区域，从而创建合适的修补片体。

在开始修剪区域补片过程之前，必须先创建一个能完全吻合开口区域的实体补片体。该修补体的有些面并不用于封闭面，在使用修剪区域补片功能时，不用考虑这些面是在部件的型腔侧还是型芯侧，最终的修剪区域补片添加到型腔和型芯分型区域。

创建【修剪区域补片】具体步骤：

（1）单击【注塑模向导】选项卡【注塑模工具】面板上的【修剪区域补片】按钮　。

（2）系统弹出图 3-10 所示的【修剪区域补片】对话框，用于在工作区选择一个合适实体补片体。

（3）选择一个边界或曲线环，生成一个闭合的边界/曲线链来围绕开口区域。这些边界和曲线必须接触该修补实体。

（4）用于确认修剪的方向，接受或倒转修剪的方向，改变由修补实体提取并修剪而来的修剪区域补片面。

图 3-10　【修剪区域补片】对话框

（5）生成一个修剪区域补片特征。

生成的修剪区域补片特征如图 3-11 所示。

舍弃区域

选择边线

图 3-11　生成修剪区域特征

3.1.6　编辑分型面和曲面补片

单击【注塑模向导】选项卡【注塑模工具】面板上的【编辑分型面和曲面补片】按钮　，系统弹出图 3-12 所示的【编辑分型面和曲面补片】对话框，选择已有的自由曲面，单击对话框中【确定】按钮，系统自动复制这个片体进行修补，如图 3-13 所示。

注意观察修补前后曲面颜色的变换，颜色由绿色变为深蓝色，说明该自由曲面已经成为修补曲面。

图 3-12 【编辑分型面和曲面补片】对话框

图 3-13 片体修复

3.1.7 扩大曲面补片

扩大曲面功能用于提取产品体上的面，并控制 U 和 V 方向上的尺寸来扩大这些面。它允许用 U 和 V 方向的滑块动态修补孔。单击【注塑模工具】选项卡【注塑模工具】面板上的【扩大曲面补片】按钮，弹出图 3-14 所示的【扩大曲面补片】对话框。

1．目标面 选择要扩大的面。

2．区域 选择要保持或舍弃的区域。

3．设置。

（1）更改所有大小：勾选此复选框，更改扩展曲面一个方向的大小时，其他方向也随着发生变化。

（2）切到边界：勾选此复选框，对话框切换到图 3-15 所示的界面，同时系统自动选择边界对象。

图 3-14 【扩大曲面补片】对话框

图 3-15 【扩大曲面补片】对话框

（3）作为曲面补片：勾选此复选框，添加曲面补片。

扩大曲面的效果如图 3-16 所示。

图 3-16 扩大曲面效果

3.1.8 拆分面

拆分面使利用基准面或存在面进行选定面的分割，使分割的面能满足需求。如果全部的分型线都位于产品体的边缘，就没有必要使用该功能

单击【注塑模向导】选项卡【注塑模工具】面板上的【拆分面】按钮 ◆ ，系统弹出【拆分面】对话框，如图 3-17 所示。在工作区选择要分割的面，在工作区选择用来分割对象，然后单击【应用】或【确定】按钮，系统自动进行面分割。

分割面有如下几种方法：

1. 用等斜度曲线来分割面　使用该方法时，只有交叉面才能选择。等斜度线的默认方向是+Z 方向。用鼠标在工作区选择等斜度分割的面，再然后单击【拆分面】对话框【确定】或【应用】按钮。

2. 用基准平面来分割面　基准平面的方式有：面方式（选择面连接面）和基准面方式。其中基准面方式又包括：用一个选择的基准面来分割面；用一条两点定义的线来分割面；用通过一个点的 Z 平面来分割面。

3. 用曲线来分割面　用曲线来分割面的方式有：已有曲线/边界；通过两点。

图 3-17 【拆分面】对话框

3.1.9 仪表盖模具设计——制品修补

01 方块修补。

❶单击【注塑模向导】选项卡中的【注塑模工具】库上的【创建方块】按钮 ▦ ，弹出

【创建方块】对话框，如图 3-18 所示。将间隙设置成为 0.01mm，选择待修补孔的外部内侧的四个表面，建立修补方块，单击【确定】按钮，完成方块的创建过程。

图 3-18 【创建方块】对话框

❷选择【菜单】→【插入】→【同步建模】→【替换面】命令，弹出图 3-19 所示的【替换面】对话框。选择创建方块的外表面作为要替换面，选择凸台的外表面作为替换面，将方块修补至模型凸台外表面，结果如图 3-20 所示。

图 3-19 【替换面】对话框   图 3-20 替换结果

❸使用【替换面】命令，选择创建方块的内表面作为要替换面，选择凸台所在直壁的内表面作为替换面，将方块修补至壁面的内表面。这样完成了创建方块对整个孔洞的填补过程。

❹选择【菜单】→【插入】→【组合】→【减去】命令，弹出图 3-21 所示的【求差】对话框。选择上一步修剪的方块作为目标体，选择产品模型作为工具体，并勾选【保存工具】复选框。单击【确定】按钮，完成方块的产品模型修剪过程，结果如图 3-22 所示。

❺单击【注塑模向导】选项卡【注塑模工具】面板上的【实体补片】按钮，弹出如图 3-23 所示的【实体补片】对话框，系统自动选择制品为产品实体，选择修补后的方块为补片实体。单击【确定】按钮，完成实体修补的结果如图 3-24 所示。

图 3-21 【求差】对话框

图 3-22 求差结果

图 3-23 【实体补片】对话框

图 3-24 实体修补的结果

02 边修补。

❶单击【注塑模向导】选项卡【分型刀具】面板上的【曲面补片】按钮◈，弹出【边修补】对话框，在环选择中选择【体】类型，如图 3-25 所示。

❷选择产品实体，系统自动拾取边缘添加到环列表中，选取不要的环单击【删除】按钮☒，如图 3-26 所示，单击【确定】按钮，创建的结果如图 3-27 所示。

03 扩大曲面。

❶单击【注塑模工具】选项卡【注塑模工具】面板上的【扩大曲面补片】按钮▨，弹出图 3-28 所示的【扩大曲面补片】对话框，选择内腔直壁作为扩大面的操作对象，拖动控制点调整补片大小。

❷在【扩大曲面补片】对话框里面再次选择内腔底面作为操作对象，扩大底面平面，两个扩大面的操作结果如图 3-29 所示。

❸选择【菜单】→【插入】→【细节特征】→【面倒圆】命令，弹出图 3-30 所示的【面倒圆】对话框，选择刚才扩大曲面创建的两个平面作为操作平面，输入半径参数 2.012mm。单击【确定】按钮，两个扩大曲面通过面圆角连接到了一起。

图 3-25 【边修补】对话框

图 3-26 选取边缘

图 3-27 创建补片

图 3-28 【扩大曲面补片】对话框

图 3-29 扩大面的相交

❹选择【菜单】→【插入】→【修剪】→【修剪片体】命令，弹出如图 3-31 所示的【修剪片体】对话框，选择被倒过圆角的扩展片体作为修剪的目标片体，选择被修补孔的边界

作为边界对象。单击【确定】按钮，完成片体修剪，如图 3-32 所示。

图 3-30　【面倒圆】对话框

图 3-31　【修剪片体】对话框

图 3-32　修剪片体

04 修剪区域补片。

❶单击【注塑模向导】选项卡【注塑模工具】面板上的【创建方块】按钮，弹出图 3-33 所示的【创建方块】对话框。将间隙设置成为 0.01mm，选择图 3-34 所示的挂钩的两个内侧面建立修补方块。单击【确定】，完成方块的创建。

❷单击【主页】选项卡【同步建模】面板上的【替换面】按钮，在弹出的【替换面】对话框中依次选择创建方块的各个表面作为目标面，选择邻近的产品模型的表面作为工具面，使得方块修剪到产品模型的边界面。

❸单击【注塑模向导】选项卡【注塑模工具】面板上的【修剪区域补片】按钮，弹出图 3-35 所示的【修剪区域补片】对话框，选择上步创建的方块为目标体。在边界栏中选择类型为【移刀】，并取消【按面的颜色遍历】复选框，依次选择封闭的曲线轮廓，如图 3-36 所示。选择方块为要保持的区域，单击【确定】按钮，完成区域补片，如图 3-37 所示。

图 3-33　【创建方块】对话框　　图 3-34　选择侧面　　图 3-35　【修剪区域补片】对话框

图 3-36　选择曲线　　　　　　　图 3-37　区域补片

05 曲面修补。

❶单击【曲面】选项卡【曲面】面板上的【桥接】按钮，弹出图 3-38 所示的【桥接曲面】对话框，选择如图 3-39 所示的需要桥接的两个面，单击【确定】按钮，桥接结果如图 3-40 所示。

❷选择【菜单】→【插入】→【曲线】→【直线】命令，弹出图 3-41 所示的【直线】对话框，在如图 3-42 所示的两点之间创建一条直线。

❸单击【曲面】选项卡【曲面】面板上的【通过曲线网格】按钮，弹出如图 3-43 所示的【通过曲线网格】对话框，选择图 3-44 所示的主/交叉曲线，单击【确定】按钮，完成曲面的创建过程，结果如图 3-45 所示。

图 3-38　【桥接曲面】对话框　　　　图 3-39　选择桥接的面

图 3-40　桥接曲面　　　　图 3-41　【直线】对话框　　　　图 3-42　选择两点

❹单击【注塑模向导】选项卡【注塑模工具】面板上的【编辑分型面和曲面补片】按钮 ，选择刚刚创建的桥接曲面和通过曲线网格曲面添加成为修补片体，发现该片体颜色变化，说明已经成为了修补片体。

图 3-43　【通过曲线网格】对话框　　　图 3-44　主/交叉线串　　　图 3-45　创建的曲面

06 面分割平面。单击【注塑模向导】选项卡【注塑模工具】面板上的【拆分面】按钮 ，弹出图 3-46 所示的【拆分面】对话框，选择图 3-47 所示的平面作为轮廓面，以图 3-48 箭头所示的直线作为分割线来分割该轮廓面。该操作的目的在于避免该轮廓面同时位于型芯或型腔。单击【确定】按钮，完成面分割的创建。

图 3-46 　【拆分面】对话框　　　　图 3-47 　选择分割面　　　　图 3-48 　选择分割线

3.2　分型概述

　　分型（Parting）是一个基于塑料产品模型的创建型芯型腔的过程。分型功能可以快速执行分型操作并保持相关性。在设计了工件之后，就可以使用分型功能了。Mold wizard 的分型由型腔、型腔修剪片体、产品模型、型芯修剪片体和型芯组成，如图 3-49 所示。

　　在基于修剪的型腔和型芯分型中，会有许多面生成，复制并分别合并成型腔和型芯面。这些合成面作为修剪片体来修建先前创建的成型工件（模仁），从而形成型腔和型芯块。实体模型和曲面模型都适用这种方法。

图 3-49 　注塑模向导分型组成

　　在基于修剪、分型中的很多建模的操作都是自动进行的。

3.2.1　模具分型工具

　　在 UG NX 中进行分型设计，主要利用 Mold Wizard 中的【分型刀具】面板实现，如图

3-50 所示。模具分型工具包括区域分析、曲面补片、定义区域、设计分析面、编辑分型面和曲面补片、定义型腔和型芯、交换模型、备份分型/补片片体和分型导航器 9 项功能。

（1）检查区域 ：设计区域从模制部件验证（Molded Part Validation，MPV）工具开始。MPV 帮助我们分析一个产品模型，并为型腔和型芯的分型做好准备。

图 3-50 【分型刀具】面板

（2）设计分型面 ：根据设计区域步骤的结果，可以使用提取区域和分型线功能来创建分型线。在这种情况下，只需要定义分型线环的转换对象，就可以生成分型线段以创建分型面。

（3）定义区域 ：定义区域可以根据前面设计区域步骤的结果提取型芯和型腔区域，并自动生成分型线。另外也提供旧的抽取型、芯型腔区域的方法。

（4）曲面补片 ：曲面补片可以根据设计区域步骤的结果自动创建修补曲面。

（5）定义型芯和型腔 ：型芯和型腔创建两个修剪的片体，其中一个属于型芯，一个属于型腔。当单击创建型腔或创建型芯时，系统会预先选择分型面、型芯和型腔区域及全部修补面。当离开该对话框后，就完成了全部的分型。

（6）编辑分型面和曲面补片 ：创建分型面，并自动将分型线环分成数段。这些段由转换对象和转换点来定义。编辑分型面可以每次创建一个分型段的分型面。一般来说，分型面由分型线通过拉伸，扫掠及扩大曲面的方法来创建。

（7）交换模型 ：交换产品模型允许用一个新版本的模型来替代模具设计工程里的产品模型，并依然保持同现有模具设计特征的相关性。

（8）备份分型/补片片体 ：从现有的分型或补片片体进行备份。

（9）分型导航器 ：单击此按钮，弹出图 3-51 所示的【分型导航器】对话框。分型对象作为节点显示在分型导航器里。此树可以查看哪个对象位于哪一层，不需要记住对象层的位置。分型管理树允许控制分型过程中创建的分型对象的可见性。使用分型对象左边的检查框，可以一次只显示一个对象是否可见。可以通过改变树的层列中层号来改变分型对象的特定组的层。

分型对象	数量	图层	ID
分型设计			
☑ 产品实体	1	1	
☐ 工件	1	20	
☑ 工件线框			
☐ 分型线	0	0	
☐ 引导线	0	0	
☐ 分型面	0	0	
☑ 曲面补片	13	250	
☐ 修补实体	1	25	
☐ 型腔			
☐ 型芯			

图 3-51 【分型导航器】对话框

3.2.2 分型面的概念和设计

1. 分型面的概念和形式 分型面位于模具动模和定模的结合处，或者在制品最大外形处，设计的目的是为了制品和凝料取出，如图 3-52 所示。注射模有的只有一个分型面，有的有多个分型面，而且分型面有平面、曲面和斜面，如图 3-52 所示。

图 3-52a 所示为平直分型面，图 3-52b 所示为倾斜分型面，图 3-52 c 所示为阶梯分型面，图 3-52d 所示为曲面分型面。

图 3-52　单分型面注射模的分型面

2. 分型面的设计原则如下：

选择分型面的原则

部件图示	描述
![]	A：成型工件　　B：产品模型 注塑模向导分型过程发生在【parting】部件"中。在 parting 部件中有两种实体： （1）一个收缩部件的几何链接复制件。 （2）定义型腔和型芯体的两个工件体。
![]	A：外部分型　　B：内部分型 分型过程包含了两种分型面的类型： （1）内部，部件内部开口的封闭曲面（修补片体）。 （2）外部，由外部分型线延伸的封闭曲面（分型面）。
![]	A：型腔区域　　B：型腔边界 型芯和型腔面会在设计区域步骤中自动复制并构成组。然后提取的型腔和型芯区域会缝合成分型面分别形成两个修剪片体（一个作为型腔，一个作为型芯）。
![]	A：型腔种子片体　　B：型腔种子基准 修剪片体会几何链接到型腔和型芯组件中，并缝合成种子片体。
![]	A：型腔修剪片体 型芯和型腔由分型片体的几何链接复制件来修剪得到。

3.2.3 区域分析

设计区域是指系统按照用户的设置分析检查型腔和型芯面，包括产品的脱模斜度是否合理，内部孔是否修补等信息。

单击【注塑模向导】选项卡【分型刀具】面板中的【检查区域】按钮，系统弹出图 3-53 所示的【检查区域】对话框，该对话框包括 4 个选项卡：【计算】、【面】、【区域】和【信息】。

1. 计算

（1）选择脱模方向。该选项表示重新选择产品体在模具中的开模方向。单击对话框中的【指定脱模方向】按钮，系统弹出【矢量】对话框，如图 3-54 所示，利用该对话框选择产品体的开模方向。

（2）区域计算选项。

1）保持现有的。该选项用来计算面属性而并不更新。

2）仅编辑区域。该选项表示将不执行面的计算。

3）全部重置。该选项表示要将所有面重设为默认值。

2. 面功能选项卡　【面】功能选项用于分析产品模型的成型性（制模性）信息，如面拔模角和底切。单击该选项卡，弹出图 3-55 所示的【面】选项卡。该对话框包括的选项：高亮显示所选的面、拔模角限制、设置所有面的颜色、交叉面颜色、底切区域、底切边缘、选定的面透明度和未选定的面透明度。

图 3-53　【检查区域】对话框

图 3-54　【矢量】对话框

图 3-55　【面】选项卡

（1）高亮显示所选的面。该选项用于高亮显示所设定特定拔模角的面。如果设置了【拔模角限制】选项和【面拔模角】类型，系统会高亮显示所选的面。

（2）【拔模角限制】用于在后面的文本框中输入拔模角度值，只能是正值。【面拔模角】区域可以指定界限以定义 6 种拔模面，即全部、大于等于、大于、等于、小于和小于等于拔模角，并能高亮显示设定的拔模面，如图 3-56 所示。

图 3-56　高亮显示设定的拔模面

（3）设置所有面的颜色。单击此按钮，则将产品体的所有面的颜色设定为面拔模角中的颜色。可以选择调色板上的颜色来更改这些面的颜色，新颜色会立即应用，如图 3-57 所示。单击【设置所有面的颜色】按钮，则工作区中产品体颜色发生变化。

图 3-57　设置所有面的颜色

（4）透明度。利用选定的面/未选定的面透明度的滑块控制观察产品体时选中面/非选择面的透明度。

（5）面拆分。单击此按钮，系统弹出【拆分面】对话框，如图 3-58 所示。其与 3.1.8 节中的【拆分面】工具相同，这里就不再讲述了。

（6）面拔模分析。单击【面拔模分析】按钮，显示标准的 UG NX 的【面分析】中的【拔模分析】对话框，如图 3-59 所示。

3．区域选项卡　用于从模型面上提取型芯和型腔区域，并指定颜色，以定义分型线，实现自动分型功能。单击对话框上端的【区域】选项卡，系统弹出【区域】选项卡，如图 3-60 所示。

（1）型腔/型芯区域。选定型腔活型芯区域后，拖动【型腔/型芯区域】后面的滑块，完成该区域的透明度设置，能更清楚地识别剩余的未定义面。

（2）未定义的区域用于定义面无法自动识别为型腔或者型芯面。这些面会列举在该部分，如交叉区域面，交叉竖直面或未知的面。

（3）设置区域颜色。单击此按钮，则将产品体的所有面的颜色设定为型腔/型芯区域中的颜色。可以选择调色板上的颜色来更改这些面的颜色，新颜色会立即应用，如图3-61所示。

（4）指派到区域。用于指定选中的区域是型腔区域还是型芯区域。

图3-58 【拆分面】对话框

图3-59 【拔模分析】对话框

4. 信息选项卡 该选项卡功能用于检查产品体的面属性、模型属性和尖角。如图3-62所示。

图3-60 【区域】选项卡　　　图3-61 设置区域颜色　　　图3-62 【信息】选项卡

（1）面属性。选择【面属性】单选按钮，然后单击产品体上的某一个面，该面的属性会显示在对话框的下部，包括面的类型、拔模角、半径、面积，如图3-63所示。

（2）模型属性。选择【模型属性】单选按钮，然后单击产品体，下列属性会显示在对话框的下部，包括模型类型（实体或片体）、边界（如果是片体的话）、体积/表面积、面的数量、边缘的数量，如图3-63所示。

（3）尖角。选择【尖角】单选按钮，并定义一个角度的界限和半径的值，以确认模型可能存在的问题。可以单击颜色盒从调色板上选择一个不同的颜色，单击【应用】按钮，将此颜色应用到符合角度和半径要求的面和边界上，如图3-63所示。

图3-63 面、模型和尖角属性信息

3.2.4 设计分型面

单击【注塑模向导】选项卡【分型刀具】面板中的【设计分型面】按钮，系统弹出【设计分型面】对话框，如图3-64所示。

1. 编辑分型线　分型线定义为模具面与实际产品的相交线，一般零件分型面可以根据零件形状（如最大界面处）和成品从模具中的顶出方向等因素确定。但是系统指定的分型面不一定是符合要求的。

选择分型线，单击【选择分型线】，在视图中选择曲线添加为分型线。

2. 搜索环　引导搜索功能从产品模型的某个分型线/边界开始选择，在每个型芯和型腔的相交区域查找相邻的线，并搜索候选的曲线/边界添加到分型线环中。如果发现有间隙或者分支，选择曲线和边界会用到公差。

单击【遍历分型线】按钮，系统弹出图3-65所示的【遍历分型线】对话框。

（1）公差。该选项用于定义选择下一个候选曲线或边界时的公差值。注射模向导会用临时显示下一个候选线的方法来引导选择分型线。

（2）按面的颜色遍历。该选项用于选择任意一条两边有不同颜色的面的曲线。它会自动搜索所有与开始曲线有相同特征（两边有不同颜色的面）的相连曲线。

（3）终止边。用于选择一个两边有不同颜色的局部的线环。只有当【按面的颜色遍历】选项选中时，该选项才变得可选。

3．编辑分型段

（1）选择分型或引导线。如果分型线不在同一个平面，系统就不能自动创建边界平面。这时就需要对分型线进行编辑或定义，将不在同一平面上的分型线进行转换。选中一段分型线，在该分型线的一端添加中止点，同时添加一个引导线。

（2）选择过渡曲线。是对已存在的过渡曲线进行选择或取消选择操作，以得到合理的过渡对象。

（3）编辑引导线 ⬚ 。单击此按钮，系统弹出图3-66所示的【引导线】对话框。可以对引导线的长度和方向进行编辑。

图 3-64　【设计分型面】对话框　　图 3-65　【遍历分型线】对话框　　图 3-66　【引导线】对话框

4．创建分型面　分型面用于分割和修剪型芯和型腔。Mold Wizard 提供了多种创建分型面的方式。创建分型面的最后一步为缝合曲面，可手工确定创建片体。

单击【注塑模向导】选项卡【分型刀具】面板中的【设计分型面】按钮 ⬚ ，系统弹出图 3-64 所示的【设计分型面】对话框，【创建分型面】对话框如图 3-67 所示。

创建分型面前必须要创建分型线，分型面的形状根据分型线的形状确定。

创建分型面包括两个步骤：

（1）从系统所识别的分型线中分段逐个创建片体，或者创建一个自定义的片体。

（2）缝合所创建的片体，使之从分型片体开始到成型镶件边缘之间形成连续的边界。

Mold Wizard 将逐段高亮显示分型线段，根据所选择出的分型段的具体情况，设计者自行更改创建方法和分型面方向。

系统提供了分型面创建方法：【拉伸】、【扫掠】、【有界平面】、【扩大的曲面】和【条带曲面】。

图 3-67　【创建分型面】对话框

　　拉伸是让分型曲线或者过渡对象的某些部分沿着指定的方向扩展，从而创建出分型曲面。需要注意的是：边线拉伸时必须有单一的拉伸方向，并且角度必须小于 180 度。单击【拉伸】按钮，其延展方向可以通过【拉伸方向】来指定。

　　如果所有的分型线环都在单一平面上，则可以使用【有界平面】创建分型面。

　　如果一个分段在一个单一曲面上，可以使用【扩展曲面】创建分型面。当在一个位于同一曲面的闭合的分型线段上创建一个【扩展面】时，扩大面会自动被该分型线修剪。当在一个位于同一曲面，但不闭合的分型线段上创建一个【扩展面】时，可以在分段的每端定义一个创建方向。在这种情况下，扩展面会由分型段和修剪方向来修剪。可以使用两个滑块来调整扩展面的大小。

3.2.5　定义区域

　　单击【注塑模向导】选项卡【分型刀具】面板上的【定义区域】按钮，弹出图 3-68 所示的【定义区域】对话框。

　　提取区域功能执行一个单一任务：提取型芯和型腔的区域。

　　在使用该功能时，系统会在相邻的分型线中自动搜索边界面和修补面。如果体的面的总数不等于分别复制到型芯和型腔的面的总和，则很可能没有正确定义边界面。如果发生这种情况，系统会提出警告并高亮显示有问题的面，但是仍然可以忽略这些警告并继续提取区域。

3.2.6　创建型芯和型腔

　　单击【注塑模向导】选项卡【分型刀具】面板上的【定义型芯和型腔】按钮，弹出图 3-69 所示的【定义型腔和型芯】对话框。此功能创建两个创建片体：一个用于型芯，一个用于型腔。选择区域后，系统会预先高亮并预选择分型面，型芯或型腔以及所有修补面。在退出该对话框时，会完成全部的分型。

图 3-68　【定义区域】对话框

1．选择片体　选择【型腔区域】，补片面及型腔区域会高亮显示，修剪片体会链接到型腔部件中并自动修剪工件。

如果修剪片体创建成功，它会链接到型腔部件中，同时在收缩部件中的表达式split_cavity_supp 的值会设定为1，以释放型腔部件中的修剪特征。之后型腔部件会切换为显示部件，型腔体会同查看分型结果对话框一起出现。在查看分型对话框中，可以选择选项来改变型腔的修剪方向。图3-70 所示为【查看分型结果】对话框。

创建型芯的方法与之相同。选择【所有区域】，自动创建型芯和型腔。

图3-69　【定义型腔和型芯】对话框

图3-70　【查看分型结果】对话框

2．抑制　抑制分型功能允许在分型设计已经完成后，对产品模型做一个复杂的变更。抑制分型应用于以下几种情况：

● 分型和模具组件设计已经完成；
● 变更必须直接作用在模具设计工程里的产品模型上。

3.2.7　交换模型

交换模型用于将一个新版本产品模型来代替模具设计中的原版产品模型，并保持原有的合适的模具设计特征。交换模型包括三个步骤：装配新产品模型、编辑补片/分型面和更新分型。

1．加载一个新版的产品模　单击【注塑模向导】选项卡【分型刀具】面板上的【交换模型】按钮，系统弹出【打开部件文件】对话框，用于加载一个新版本的产品模型文件。选择一个新的部件文件后单击【确定】按钮，系统自动完成替换更新模型。

如果替换更新成功完成，会显示一个信息指出交换成功，如图3-71 所示。同时会显示一个信息窗口，列出 parting 部件中更新失败的特征，并标记为过时的状态，如图3-72 所示。如果交换失败，内容会替换为一个交换失败的信息，并出现一个撤销。

2．编辑分型线/分型面　当新模型文件的分型线和分型面发生变更时，单击【分型管理器】中的编辑分型线/编辑分型面功能以改变分型线或分型面，重新生成分型线和分型面。

3. 更新分型　可以自动或手动更新分型。

图 3-71　【交换产品模型】对话框

图 3-72　【信息】对话框

3.2.8　仪表盖模具设计——分型设计

01 创建分型线。

❶单击【注塑模向导】选项卡【分型刀具】面板上的【设计分型面】按钮，弹出图 3-73 所示的【设计分型面】对话框。

图 3-73　【设计分型面】对话框

选择曲线

图 3-74　分型线局部

❷单击编辑分型线栏中的选择分型线，在视图上选择实体的底面边线。图 3-74 所示为分型线局部，提示警示分型线环没有封闭。继续选择其他底面边线，单击【应用】按钮，系统自动生成图 3-75 所示的分型线。

❸在编辑分型段中【选择分型或引导线】选择，在图 3-76 所示的两点处创建引导线，单击【确定】按钮，系统自动按需求创建段并生成引导线。

02 创建分型面。

图 3-75 分型线

图 3-76 分型线

❶单击【注塑模向导】选项卡【分型刀具】面板上的【设计分型面】按钮，在弹出的【设计分型面】对话框中分型段列表中选择分段1，如图 3-77 所示。选中【有界平面】选项，采用默认方向，用鼠标拖动滑块，使分型面的拉伸长度大于工件的长度。单击【应用】按钮。

图 3-77 选择分段 1

❷在弹出的【设计分型面】对话框中分型段列表中选择分段2，如图 3-78 所示。在创建分型面栏中选中【拉伸】选项，用鼠标拖动【延伸距离】标志，调节曲面延伸距离，使分型面的拉伸长度大于工件的长度。单击【应用】按钮，分型面如图 3-79 所示。

03 设计区域。

❶单击【注塑模向导】选项卡【分型刀具】面板上的【检查区域】按钮，弹出图 3-80 所示的【检查区域】对话框，选择【保持现有的】选项，选择脱模方向为 ZC 轴，单击【计算】按钮。

❷选择【区域】选项卡，显示有 27 个未定义的区域，如图 3-81 所示，可以用两个滑

块来预览即将提取到型芯或型腔侧的面,将未定义的面定义为型芯区域或型腔区域。定义型腔面(88)和型芯面(120)的和等于总面数(208)。

图 3-78　选择分段 2

图 3-79　分型面

04 抽取区域。

❶单击【注塑模向导】选项卡【分型刀具】面板上的【定义区域】按钮，弹出图 3-82 所示的【定义区域】对话框。

❷选择【所有面】区域,勾选【创建区域】复选框,单击【确定】按钮,完成型芯和型腔的抽取。

05 创建型芯和型腔。

❶单击【注塑模向导】选项卡【分型刀具】面板上的【定义型芯和型腔】按钮，弹出【定义型芯和型腔】对话框,如图 3-83 所示。选择【所有区域】选项,单击【确定】按钮,系统会预先高亮显示并预选择分型面,型芯或型腔以及所有修补面。在退出该对话框时,会完成全部的分型。也可以分别选择【型腔区域】或【型芯区域】选项,分别创建型腔或型芯。

❷创建的型芯和型腔如图 3-84 所示。

图 3-80 【检查区域】对话框

图 3-81 【区域】对话框

图 3-82 【定义区域】对话框

图 3-83 【定义型腔和型芯】对话框

图 3-84 型芯和型腔

第 **4** 章

模架库和标准件

模架主要用于安装型芯和型腔、顶出和分离机构，从而提高生产率。在 Mold Wizard 里面，已经将模架标准化并形成了标准模架库，使得结构、形式和尺寸都已经标准化和系列化。标准件是指模具的另一部分零件，Mold Wizard 也已把它们标准化，主要是顶杆、浇口套和定位环等。

当完成了模具的型腔设计以后，就可以利用 Mold Wizard 的模架库和标准件功能来自动产生模板、模座和标准件，完成模具设计。

- ◎ 结构特征
- ◎ 模架设计
- ◎ 标准件

4.1 结构特征

本节简要讲述模具设计中各种结构的特征和设计方法。

4.1.1 支承零件的结构设计

塑料注射成型模具的支承零件包括动模（或上模）座板、定模（或下模）座板、动模（或上模）板、定模（或下模）板、支承板、垫块等。塑料注射成型模具支承零件的典型结构，如图4-1所示，塑料模的支承零件起装配、定位及安装作用。

图4-1　塑料注射成型模具支承零件的典型结构

1—定模座板　2—定模板　3—动模板　4—支承板　5—垫块　6—动模座板　7—推板　8—顶杆固定板

1. 动模座板和定模座板　是动模和定模的基座，也是固定式塑料注射成型模具与成型设备连接的模板。因此，座板的轮廓尺寸和固定孔必须与成型设备上模具的安装板相适应。另外，还必须具有足够的强度和刚度。

2. 动模板和定模板　作用是固定型芯、凹模、导柱和导套等零件，所以俗称固定板。塑料注射成型模具种类及结构不同，固定板的工作条件也有所不同。但不论哪一种模具，为了确保型芯和凹模等零件固定稳固，固定板应有足够的厚度。

动模（或上模）板和定模（或下模）板与型芯或凹模的基本连接方式如图4-2所示。其中图4-2a所示为是常用的固定方式，装卸较方便；图4-2b所示的固定方法可以不用支承板，但固定板需加厚，对沉孔的加工还有一定要求，以保证型芯与固定板的垂直度；图4-2c所示的是固定方法最简单，既不要加工沉孔也不要支承板，但必须有足够的螺钉、销钉的安装位置，一般用于固定较大尺寸的型芯或凹模。

支承板
固定板

a)　　　　　　　　　　b)　　　　　　　　　　c)

图4-2　固定板与型芯或凹模的基本连接方式

3. 支承板　是垫在固定板背面的模板。它的作用是防止型芯、凹模、导柱、导套等零件脱出，增强这些零件的稳定性并承受型芯和凹模等传递来的成型压力。支承板与固定板的连接通常用螺钉和销钉，也有用铆接的。

图4-3　矩形型腔动模支承板受力示意图

支承板应具有足够的强度和刚度，以承受成型压力而不过量变形。其强度和刚度计算方法与型腔底板的强度和刚度计算相似。现以矩形型腔动模支承板的厚度计算为例说明其计算方法。图 4-3 所示为矩形型腔动模支承板受力示意图。动模支承板一般都是中部悬空而两边用支架支承的，如果刚度不足将引起制品高度方向的尺寸超差，或在分型面上产生溢料而形成飞边。从图 4-3 看出，支承板可看成受均布载荷的简支梁，最大挠曲变形发生在中线上。如果动模板（型芯固定板）也承受成型压力，则支承板厚度可以适当减小。如果计算得到的支承板厚度过厚，则可在支架间增设支承块或支柱，以减小支承板厚度。

支承板与固定板的连接方式如图 4-4 所示。图 4-4a、b、c 所示为螺纹连接，适用于顶杆分模的移动式模具和固定式模具，为了增加连接强度，一般采用圆柱头内六角螺钉；图 4-4d 所示为铆钉连接，适用于移动式模具，它拆装麻烦，维修不便。

　　　　a)　　　　　　　　　b)　　　　　　　　　c)　　　　　　　　　d)

图4-4　支承板与固定板的连接方式

4．垫块　垫块的主要作用是使动模支承板与动模座板之间形成用于顶出机构运动的空间和调节模具总高度以适应成型设备上模具安装空间对模具总高的要求。因此，垫块的高度应根据以上需要而定。垫块与支承板和座板的组装方法如图 4-5 所示，两边垫块高度应一致。

图4-5　垫块与支承板和座板的组装方法

4.1.2　合模导向装置的结构设计

合模导向装置是保证动模与定模或上模与下模合模时正确定位和导向的装置。合模导向装置主要有导柱导向和锥面定位。通常采用导柱导向，如图 4-6 所示。导柱导向装置的主要零件是导柱和导套。有的不用导套而在模板上镗孔代替导套，该孔通称导向孔。

图 4-6　导柱导向装置

1. 导向装置的作用。

（1）导向作用。动模和定模（上模和下模）合模时，首先是导向零件接触，引导上、下模准确合模，避免凸模或型芯先进入型腔，保证不损坏成型零件。

（2）定位作用。直接保证了动模和定模（上模和下模）合模位置的正确性，保证了模具型腔的形状和尺寸的正确性，从而保证制品精度。导向机构在模具装配过程中也起到了定位作用，便于装配和调整。

（3）承受一定的侧向压力。塑料注入型腔过程中会产生单向侧面压力，或由于成型设备精度的限制，使导柱在工作中承受一定的侧压力。但侧向压力很大时，则不能完全由导柱来承担，需要增设锥面定位装置。

2. 导向装置的设计原则。

（1）导向零件应合理地均匀分布在模具的周围或靠近边缘的部位，其中心至模具边缘应有足够的距离，以保证模具的强度，防止压入导柱和导套时发生变形。

（2）根据模具的形状和大小，一副模具一般需要 2 或 3 个导柱。对于小型模具，通常只用两个直径相同且对称分布的导柱，如图 4-7a 所示。如果模具的凸模与凹模合模时有方位要求，，则用两个直径不同的导柱，如图 4-7b 所示；或用两个直径相同，但错开位置的导柱，如图 4-7c 所示。对于大中型模具，为了简化加工工艺，可采用 3 个或 4 个直径相同的导柱，如图 4-7d、e 所示。

（3）导柱可设置在定模，也可设置在动模。在不妨碍脱模取件的条件下，导柱通常设置在型芯高出分型面的一侧。

（4）当上模板与下模板采用合模加工工艺时，导柱装配处直径应与导套外径相等。

（5）为保证分型面很好地接触，导柱和导套在分型面处应制有承屑槽，一般都是削去一个面，如图 4-8a 所示；或在导套的孔口倒角，如图 4-8b 所示。

（6）各导柱、导套（导向孔）的轴线应保证平行，否则将影响合模的准确性，甚至损坏导向零件。

3. 导柱的结构、特点及用途　导柱的结构形式随模具结构大小及制品生产批量的不同而不同。目前在生产中常用的结构有以下几种。

图 4-7　导柱的分布形式

（1）台阶式导柱。注射模常用的标准台阶式导柱有带头和有肩两类，压缩模也采用类似的导柱。图 4-9 所示为台阶式导柱导向装置。在小批量生产时，带头导柱通常不需要导套，导柱直接与模板导向孔配合，如图 4-9a 所示，也可以与导套配合，如图 4-9b 所示，带头导柱一般用于简单模具。有肩导柱一般与导套配合使用，如图 4-9c 所示，导套内径与导柱直径相等，便于导柱固定孔和导套固定孔的加工。如果导柱固定板较薄，可采用图 4-9d 所示的有肩导柱，其固定部分有两段，分别固定在两块模板上。

图 4-8　导套的承屑槽形式　　　　图 4-9　台阶式导柱导向装置

（2）铆合式导柱结构如图 4-10 所示，其中图 4-10a 所示结构的导柱固定不够牢固，稳定性较差，为此可将导柱沉入模板 1.5 ～2mm，如图 4-10b、c 所示。铆合式导柱结构简单，加工方便，但导柱损坏后更换麻烦，主要用于小型简单的移动式模具。

（3）合模销如图 4-11 所示。在垂直分型面的组合式凹模中，为了保证锥模套中拼块相对位置的准确性，常采用两个合模销。分模时，为了使合模销不被拔出，其固定端部分采用 H7/K6 过渡配合，另一滑动端部分采用 H9/f9 间隙配合。

4. 导套和导向孔的结构及特点

（1）导套。注射模常用的标准导套有直导套和带头导套两大类。它的固定方式如图 4-12 所示，其中图 4-12a、b、c 所示为直导套的固定方式，结构简单，制造方便，用于小型简单模具；图 4-12d 所示为带头导套的固定方式，结构复杂，加工较难，主要用于精度要求高的大型模具。对于大型注射模或压缩模，为防止导套被拔出，导套头部安装方法如图 4-12c 所示；如果导套头部无垫板，则应在头部加装盖板，如图 4-12d 所示。根据生产需要，也可在导套的导滑部分开设油槽。

图 4-10 铆合式导柱   图 4-11 合模销

图 4-12 导套的固定方式

（2）导向孔直接开设在模板上。它适用于生产批量小、精度要求不高的模具。导向孔应做成通孔，如图 4-13b 所示，如果加工成盲孔（见图 4-13a），则因孔内空气无法逸出，对导柱的进入有反压缩作用，有碍导柱导入。如果模板很厚，导向孔必须做成盲孔时，则应在盲孔侧壁增加通孔或排除废料的孔，或在导柱侧壁及导向孔开口端磨出排气槽，如图 4-13c 所示。

在穿透的导向孔中，除按其直径大小需要一定长度的配合外，其余部分孔径可以扩大，以减少配合精加工面，并改善其配合状况。

5. 锥面定位结构   图 4-14 所示为增设锥面定位的模具，适用于模塑成型时侧向压力很大的模具。其锥面配合有两种形式：一种是两锥面之间镶上经淬火的零件 A；另一种是两锥面直接配合，此时两锥面均应经热处理达到一定硬度，从而增加其耐磨性。

图 4-13 导向孔的结构形式   图 4-14 锥面定位结构

📖 4.1.3 模具零件的标准化

随着人们对塑料制品需求量的不断增加，塑料模标准化显得更加重要。塑料制品加工行业的显著特点之一是高效率、大批量的生产方式。这样的生产方式要求尽量缩短模具的生产周期，提高模具制造质量。为了实现这个目标就必须采用模具标准模架及标准零件。一个国家的标准化程度越高，所制定的标准越符合生产实际，就表明这个国家的工业化程度越高。

标准化概括起来有以下的优点：

1）简单方便，买来即用，不必库存。

2）能使模具的价格降低。

3）简化了模具的设计和制造。

4）缩短了模具的加工周期，促进了塑料制品的更新换代。

5）模具的精度及动作的可靠性得以保证。

6）提高了模具中易损零件的互换性。

7）模具标准化便于实现对外技术交流，扩大贸易，增强国家技术经济实力。

美国、德国、日本等工业发达的国家都十分重视模具标准化工作，目前世界较流行的标准有：国际模具标准化组织 ISO/TC29/SC8 制定的国际通用模具技术标准；德国的 DIN 标准；美国 DME 公司标准；日本的 JIS 和 FUTABA 标准等。我国十分重视模具标准化工作，由全国模具标准化技术委员会制定了冲模模架、塑料模模架和这两类模具的通用零件及其技术条件等国家标准。塑料模国家标准大致分为 3 大类：

1）基础标准。如塑料成型模术语标准（GB/T 8846－2005）、塑料模塑件尺寸公差标准（GB/T 14486－2008）。

2）产品标准，如塑料注射模模架标准（GB/T 12555－2006）。

3）工艺与质量标准。如塑料注射模零件技术条件标准（GB/T 4170－2006）、塑料注射模模架技术条件标准（GB/T 12556－2006）等。

4.2 模架设计

模架是用于型腔和型芯装夹、顶出和分离的机构。模架尺寸和配置的要求对于不同类型的工程有很大不同。为了满足不同情况的特定要求，模架包括以下几种类型：标准模架、可互换的模架、通用模架和自定义模架。

1. 标准模架 用于要求使用标准目录模架的情况。标准的模架是由结构、形式和尺寸都标准化、系列化并具有一定互换性的零件成套组合而成。标准模架的基本参数（如模具长度和宽度、板的厚度或模具打开距离）可以很容易地在图 4-15 所示的【模架库】对话框中编辑。

2. 可互换模架 可互换模架用于需要非标准设计的情况。可互换模架以标准结构的尺寸为基础，但它可以很容易地调整为非标准的尺寸。

3. 通用模架 通用模架可以通过配置不同模架板来组合成数千种模架。通用模架用于当可互换模架选项还不能满足要求的情况。

4. 自定义模架 如果上面三种模架仍旧不符合需求，可以自己定义模架结构、形式和尺寸，并可以将它添加到注塑模向导的库中，以方便以后使用。

单击【注塑模向导】选项卡【主要】面板上的【模架库】按钮▦，系统弹出如图 4-15 所示的【模架库】对话框和【重用库】对话框。

【重用库】对话框包括文件夹视图、成员视图、部件、设置等选项。利用该对话框，可以选择一些供应商提供的标准模架或者自己组合生成模架。

图 4-15 【模架库】对话框和【重用库】对话框

4.2.1 名称

在【名称】中可以选择不同模架供应商的规格体系，以用作当前的模架，如图 4-16 所示。名称的选择依赖于工程的单位。如果工程单位是英制的，只有英制的模架才能使用；如果工程单位是公制的，则只有公制的模架才能使用。

图 4-16 【名称】列表

公制的模架包括 DME、HASCO_E、FUTABA_S、FUTABA_DE、FUTABA _FG 等规格；英制的

模架包括 DME、HASCO、Omni、UNIVERSAL（通用模架）。

📖 4.2.2　成员选择

在【名称】中选择不同的模架库文件后，在【成员选择】列表中会显示不同配置的模架，如 A 系列、B 系列或三板模，如图 4-17 所示。选择不同的对象，弹出如图 4-18 所示的【信息】对话框，显示所选模架的信息。

对象	标准
2A	Mold Wiz
2B	Mold Wiz
3A	Mold Wiz
3B	Mold Wiz
3C	Mold Wiz
3D	Mold Wiz

图 4-17　【成员选择】列表　　　　图 4-18　【信息】对话框

不同的模架规格有不同的类型。例如 DME 模架类型包括 2A（二板式 A 型）、2B（二板式 B 型）、3A（三板式 A 型）、3B（三板式 B 型）、3C（三板式 C 型）、3D（三板式 D 型）六种类型。

在选择模架时，首先根据工程单位和模具特点在目录下拉菜单中选择模架规格，然后再在后面的类型下拉列表中选择模架的类型。

下面介绍常用的二板式和三板式模架的特点。

1. 二板式注塑模　两板式注塑模是最简单的一种注塑模，它仅由动模和定模两块组成，如图 4-19 所示。这种简单的二板式注塑模在制品生产中的应用十分广泛，根据实际制品的要求，也可增加其他部件，如嵌件支撑销、螺纹成型芯和活动成型芯等，使得这种简单的二板式结构演变成多种复杂的结构被使用。在大批量生产中，二板式注塑模可以被设计成多型腔模。

二板式 A 型

二板式 B 型

图 4-19　二板式模具

TCP—定模座板　　AP—定模固定板　　BP—动模固定板　　SPP—动模垫板　　CP—垫块　　BCP—动模座板

2. 三板式模具　三板式模具中流道和模具分型面在不同的平面上，当模具打开时，流道凝料能和制品一起被顶出并与模具分离。这种模具一大特点是制品必须是适合中心浇口注射成型，除了边缘和侧壁可以在制品的任何位置设置浇口。三板式模具自身就是自断浇口。制品和流道自模具的不同平面落下，能够很容易地分开送出。

三板式模具组成包括定模板（也叫流道、流道板或者锁模板）、中间板（也叫型腔板和浇口板）和动模板，如图 4-20 所示。和两板式模具相比，这种模具在定模板和动模板之间多了一个浮动模板，浇注系统常在定模板和中间板之间，而制品侧在浮动部分和动模固定板之间。

图 4-20　三板式模具

【布局大小】窗口用于显示当前布局型腔尺寸，包括型腔宽度 W、型腔长度 L、上模高度 Z_up、下模高度 Z_down。如图 4-18 所示。系统往往也是根据这些布局信息进行模架尺寸选择的。

4.2.3　详细信息

在【成员选择】栏中选择对象后会在【模架库】对话框中增加【详细信息】栏，如图 4-21 所示。拖动滚动条可以浏览整个模架可编辑的尺寸。当选中一个尺寸时，它将显示在尺寸编辑窗口以编辑。

图 4-21　【详细信息】栏

4.2.4　编辑注册器和数据库

在【设置】栏中单击【编辑注册器】按钮，打开模架登记电子表格文件。如图 4-22 所示，模架登记文件包含以下模架管理系统的信息：配置对话框和定位库中的模型的位置、控制数据库的电子表格，以及位图图像。

	A	B	C	D
1	##DME_MM			
2				
3				
4	TYPE	CAT_DAT	MODEL	BITMAP
5	2A	/moldbase/metric/dme_m/dme_m2a.xs4	/moldbase/metric/dme_m/dm.prt	/moldbase/bitmap/dme_2a.xbm
6	2B	/moldbase/metric/dme_m/dme_m2b.xs4		/moldbase/bitmap/dme_2b.xbm
7	3A	/moldbase/metric/dme_m/dme_m3a.xs4		/moldbase/bitmap/dme_3a.xbm
8	3B	/moldbase/metric/dme_m/dme_m3b.xs4		/moldbase/bitmap/dme_3b.xbm
9	3C	/moldbase/metric/dme_m/dme_m3c.xs4		/moldbase/bitmap/dme_3c.xbm
10	3D	/moldbase/metric/dme_m/dme_m3d.xs4		/moldbase/bitmap/dme_3d.xbm
11				
12				
13				
14				

图 4-22　编辑记录文件

在【设置】栏中单击【编辑数据库】按钮，打开当前对话框中显示的模架数据库电子表格文件。数据库文件包括定义特定模架尺寸和选项的相关数据，如图 4-23 所示。

	A	B	C	D	E	F	G	H	I
1	## DME MOLDBASE METRIC								
2									
3	SHEET_TYPE		0						
4									
5	PARENT		<UM_ASS>						
6									
7	ATTRIBUTES								
8	MW_COMPONENT_NAME=MOLDBASE								
9	CATALOG=<index>								
10	DESCRIPTION=MOLDBASE								
11	SUPPLIER=DME								
12	TCP :CATALOG=DME N0<TCP_name><index>-<TCP_h>								
13	CVP :CATALOG=DME N10<index>-<AP_h>								
14	LNP_1: CATALOG=DME N10<index>-<INP_1_h>								

图 4-23　编辑数据库文件

4.2.5　仪表盖模具设计——加入模架

01 单击【注塑模向导】选项卡【主要】面板上的【模架库】按钮，弹出如图 4-24 所示的【重用库】对话框和【模架库】对话框，在【名称】列表中选择 HASCO_E，在【成员选择】中选择 Type 1（F2M2），设置【详细信息】中的 index 为 346×546。

图 4-24　【重用库】和【模架库】对话框

02 单击【应用】按钮，注意到成型工件同上模板厚度之间的关系，可以看到模架的上模板厚度与成型工件的厚度尺寸不匹配，需要进行调节。

03 在【详细信息】中修改上模板的高度 AP_h 为 60，如图 4-25 所示。修改下模板的高度 BP_h 为 30，如图 4-26 所示。单击【应用】按钮，完成上、下模板参数的调整。

04 单击【模架库】对话框中的【旋转】按钮，旋转模架，调整模架的方向，如图 4-27 所示。

图 4-25　修改上模板

图 4-26　修改下模板

图 4-27　旋转模架

4.3　标准件

　　模具标准件是将模具的一部分附件标准化，便于替换使用，以提高模具生产效率。本节介绍如何创建标准件及编辑标准件。单击【注塑模向导】选项卡【主要】面板上的【标准部件库】按钮，弹出如图 4-28 所示的【标准件管理】对话框和【重用库】对话框，包括名称、成员选择等选项。

4.3.1　名称

　　【名称】列表中列出了可用的标准件库。公制的库用于用公制单位初始化的模具工程，英制的库用于用英制单位初始化的模具工程。图 4-29 所示的标准件库包括 DME_MM、HASCO_MM、FUTABA_MM、MISUME 等选项。日本 FUTABA 公司的标准件比较常用。表 4-1 列出了 FUTABA_MM 系列标准件名称及注解。

图 4-28 【标准件管理】对话框

图 4-29 【名称】列表

表 4-1 FUTABA_MM 系列标准件名称及注解

名　称	注　解	名　称	注　解
Locating Ring Interchangeable	可互换定位环	Support	支承柱
Spruce Bushing	浇口套	Stop Buttons	限位钉
Ejector Pin	顶杆（推件杆）	Slide（滑块）	斜销
Return Pins	复位杆	Lock Unit	定位杆
Ejector Sleeve	顶管（推件管）	Screws	定距螺钉
Ejector Blade	扁顶杆（扁推件杆）	Gate Bushings	点浇口嵌套
Spruce Puller	拉料杆	Strap	定距拉板
Guides	导柱导套	Pull Pin	尼龙扣
Spacers	垫圈	Springs	弹簧

4.3.2 成员选择

在【名称】列表中选择不同的标准件库后，在【成员选择】列表中会显示不同的标准件规格，如图 4-30 所示。选择不同的对象，弹出如图 4-31 所示的【信息】对话框，显示所选标准件的信息。

图 4-30　【成员选择】列表

图 4-31　【信息】对话框

4.3.3　放置

1. 父　【父】下拉列表允许用户为所加入的标准件选择一个父装配，如图 4-32 所示。如果下拉列表中没有要选的父装配名称，可以在加入标准件前，把该父装配设为工作部件。

2. 位置　【位置】下拉列表为标准件选择主要的定义参数方式，包括【NULL】、【WCS】、【WCS_XY】、【POINT】、【POINT PATTERN】、【PLANE】、【ABSOLUTE】等选项，如图 4-33 所示。

图 4-32　父级下拉列表

图 4-33　位置下拉列表

【位置】下拉列表中各选项含义：

（1）NULL。该选项表示标准件的原点为装配树的绝对坐标原点（0，0，0）。

（2）WCS。该选项表示标准件的原点为当前工作坐标系 WCS 原点（0，0，0）。

（3）WCS_XY。该选项表示标准件的原点为工作坐标平面上的点。

91

（4）POINT。该选项表示标准件的原点为用户所选 XY 平面上的点。

（5）PLANE。该选项表示先选择一平面作为 XY 平面，然后定义标准件的原点为 XY 平面上的点。

（6）MATE。该选项表示现在任意点加入标准件，然后用 MATE 条件对标准件进行定位装配。

3. 引用集　这三个选项用于控制标准部件的显示状态。大多数模具组件都要求创建一个在模架中剪切的腔体以放置组件。要求放置腔体的标准件会包含一个腔体剪切用的 FALSE 体，该体用于定义腔体的形状。

（1）TURE。选择此单选按钮，表示显示标准件实体，不显示放置标准件用的腔体。

（2）FALSE。选择此单选按钮，表示不显示标准件实体，显示标准件建腔后的型体。

（3）整个部件。选择此单选按钮，标准部件实体和建腔后的型体都会显示。

📖4.3.4　部件

【新建组件】选项允许作为新组件添加多个相同类型的组件，而不是作为组件的引用件来添加。

【添加实例】默认的情况是安装一个组件的单独的引用组件（假设没有选择组件编辑），或者可以从屏幕中选择现有的标准组件来添加一个现有标准件的引用组件。

【重命名组件】选项在加载部件之前重命名组部件。

📖4.3.5　详细信息

在【重用库】对话框的【成员选择】栏中选择对象后，会在【标准件管理】对话框中显示【详细信息】栏并弹出【信息】对话框，如图 4-34 所示。

图 4-34　【详细信息】栏和【信息】对话框

拖动滚动条可以浏览整个标准件可编辑的尺寸。当选中一个尺寸时，它将显示在尺寸编辑窗口以编辑。

📖4.3.6　设置

在【设置】栏中单击【编辑注册器】按钮 🖼，打开标准件的注册文件，从而进行编辑和修改。

在【设置】栏中单击【编辑数据库】按钮，打开当前对话框中显示的标准件数据库电子表格文件，从而对其目录数据进行修改。数据库文件包括定义特定的标准件尺寸和选项的相关数据。

4.3.7 仪表盖模具设计——标准件设计

01 定位环设计。

❶单击【注塑模向导】选项卡【主要】面板上的【标准件库】按钮，创建定位环部件，弹出【重用库】对话框和【标准件管理】对话框，如图4-35所示。

❷选择【HASCO_MM】→【Locating Ring】，在【成员选择】中选择【K100】，采用默认参数。单击【确定】按钮，生成定位环，如图4-36所示。

图4-35 【重用库】对话框和【标准件管理】对话框

02 浇口套设计。

❶单击【注塑模向导】选项卡【主要】面板上的【标准件库】按钮，在【重用库】对话框的【名称】中选择【HASCO_MM】→【Injection】分类，在【成员选择】中选择【Z50［Sprue bushingbody］】型号。

图 4-36　定位环

❷设置 d2 为 24，1 为 70，如图 4-37 所示，单击【确定】按钮，生成浇口套，如图 4-38 所示。

图 4-37　【重用库】对话框和【标准件管理】对话框

图 4-38　浇口套

第 **5** 章

浇注和冷却系统

浇注系统设计是注射模具设计中最重要的问题之一。浇注系统是引导塑料熔体从注塑机喷嘴到模具型腔为止的一种完整的输送通道。它具有传质和传压的功能，对塑件质量具有决定性影响。它的设计合理与否，影响着制品的质量、模具的整体结构及工艺操作的难易程度。

浇注系统的功能是，将塑料熔体顺利地充满到模腔各处，以获得外形轮廓清晰、内在质量优良的塑料制件。因此要求充模过程快而有序，压力损失小且热量散失少，排气条件好，浇注系统凝料易于与制品分离或切除。

学 习 要 点

- ◎ 浇注系统
- ◎ 冷却组件设计

5.1 浇注系统

浇注系统是指模具中从接触注塑机喷嘴开始到进入型腔为止的塑料流动通道。它的主要作用是使溶体平稳地填充型腔。它的位置以及尺寸决定热量的散失、摩擦损耗的大小和填充速度，它与制品的形状、尺寸以及成型数量等因素有关。

一个完整的浇注系统包括主流道、分流道和浇口。

5.1.1 浇注系统简介

注射模的浇注系统是指塑料熔体从注射机喷嘴进入模具开始到型腔为止所流经的通道。它的作用是将熔体平稳地引入模具型腔，并在填充和固化定型过程中将型腔内气体顺利排出，且将压力传递到型腔的各个部位，以获得组织致密、外形清晰、表面光洁和尺寸稳定的制品。因此，浇注系统设计的正确与否直接关系到注射成型的效率和制品质量。浇注系统可分为普通浇注系统和热流道浇注系统两大类。

1. 普通浇注系统的组成　注射模的浇注系统如图 5-1 和图 5-2 所示。浇注系统由主流道、分流道、浇口及冷料穴等组成。

图 5-1　卧式、立式注射机用模具普通浇注系统

1—主流道衬套　2—主流道　3—冷料穴
4—拉料杆　5—分流道　6—浇口　7—制品

图 5-2　直角式注射机用模具普通浇注系统

1—主流道镶块　2—主流道　3—分流道
4—浇口　5—模腔　6—冷料穴

（1）主流道：主流道是指从注射机喷嘴与模具接触处开始，到有分流道支线为止的一段料流通道。它起到将熔体从喷嘴引入模具的作用，其尺寸的大小直接影响熔体的流动速度和填充时间。

（2）分流道：分流道是主流道与型腔进料口之间的一段流道，主要起分流和转向作用，是浇注系统的断面变化和熔体流动转向的过渡通道。

（3）浇口：浇口是指料流进入型腔前最狭窄部分，也是浇注系统中最短的一段，其尺寸狭小且短，目的是使料流进入型腔前加速，便于充满型腔，又利于封闭型腔口，防止熔体倒流。另外，也便于成型后冷料与制品分离。

（4）冷料穴：在每个注射成型周期开始时，最前端的料流接触低温模具后会降温、变

硬（称之为冷料），为防止此冷料堵塞浇口或影响制件的质量而设置的料穴。冷料穴一般设在主流道的末端，有时在分流道的末端也增设冷料穴。

2．浇注系统设计的基本原则　浇注系统设计是注射模设计的一个重要环节，它直接影响注射成型的效率和质量。设计时一般遵循以下基本原则：

必须了解塑料的工艺特性，以便考虑浇注系统尺寸对熔体流动的影响。

排气良好的浇注系统应能顺利地引导熔体充满型腔，料流快而不紊，并能把型腔的气体顺利排出。图 5-3a 所示的浇注系统，从排气角度考虑，浇口的位置设置就不合理，如果改用图 5-3b 和图 5-3c 所示的浇注系统设置形式，则排气良好。

为防止型芯和制品变形，高速熔融塑料进入型腔时，要尽量避免料流直接冲击型芯或嵌件。对于大型制品或精度要求较高的制品，可考虑多点浇口进料，以防止浇口处由于收缩应力过大而造成制品变形。

减少熔体流程及塑料耗量，在满足成型和排气良好的前提下，塑料熔体应以最短的流程充满型腔，这样可缩短成型周期，提高成型效果，减少塑料用量。

去除与修整浇口方便，并保证制品的外观质量。

要求热量及压力损失最小，浇注系统应尽量减少转弯，采用较低的表面粗糙度，在保证成型质量的前提下，尽量缩短流程，合理选用流道断面形状和尺寸等，以保证最终的压力传递。

3．普通浇注系统设计

（1）主流道设计。主流道轴线一般位于模具中心线上，与注射机喷嘴轴线重合。在卧式和立式注射机注射模中，主流道轴线垂直于分型面（见图 5-4），主流道断面形状为圆形。在直角式注射机用注射模中，主流道轴线平行于分型面（见图 5-5），主流道截面一般为等截面柱形，截面可为圆形、半圆形、椭圆形和梯形，以椭圆形应用最广。主流道设计要点如下：

1）为便于凝料从直浇道中拔出，主流道设计成圆锥形（见图 5-4），锥角 $\alpha=2°\sim4°$，通常主流道进口端直径应根据注射机喷嘴孔径确定。设计主流道截面直径时，应注意喷嘴轴线和主流道轴线对中，主流道进口端直径应比喷嘴直径大 0.5～1mm。主流道进口端与喷嘴头部接触的形式一般是弧面，如图 5-5 所示。通常主流道进口端凹下的球面半径 $R2$ 比喷嘴球面半径 $R1$ 大 1～2mm，凹下深度约 3～5mm。

2）主流道与分流道结合处采用圆角过渡，其半径 R 为 1～3mm，以减小料流转向过渡时阻力。

3）在保证制品成型良好的前提下，主流道的长度 L 尽量短，以减小压力损失及废料，一般主流道长度视模板的厚度，浇道的开设等具体情况而定。

图 5-3　浇注系统与填充的关系
1—分型面　2—气泡

图 5-4　主流道的形状和尺寸

4）设置主流道衬套，由于主流道要与高温塑料和喷嘴反复接触和碰撞，容易损坏，所以一般不将主流道直接开在模板上，而是将它单独设在一个主流道衬套中。如图 5-6 所示。

图 5-5 注射机喷嘴与主流道衬套球面接触

1—定模底板 2—主流道衬套 3—喷嘴

图 5-6 主流道衬套的形式

（2）分流道设计。对于小型制品单型腔的注射模，通常不设分流道；对于大型制品采用多点进料或多型腔注射模都需要设置分流道。分流道的要求是：塑料熔体在流动中热量和压力损失最小，同时使流道中的塑料量最少；塑料熔体能在相同的温度，压力条件下，从各个浇口尽可能同时地进入并充满型腔；从流动性、传热性等因素考虑，分流道的比表面积（分流道侧表面积与体积之比）应尽可能小。

1）分流道的截面形状及尺寸：分流道的形状尺寸主要取决于制品的体积、壁厚、形状以及所用塑料的种类、注射速率、分流道长度等。分流道断面积过小，会降低单位时间内输送的塑料量，并使填充时间延长，塑料会出现缺料、波纹等缺陷；分流道断面积过大，不仅积存空气增多，制品容易产生气泡，而且增大塑料耗量，延长冷却时间。但对注射黏度较大或透明度要求较高的塑料，如有机玻璃，应采用断面积较大的分流道。

常用的分流道截面形状及特点见表 5-1。

圆形断面分流道直径 D 一般在 2～12mm 范围内变动。实验证明，对多数塑料来说，分流道直径在 5～6mm 及以下时，对熔体流体性影响较大，直径在 8mm 以上时，再增大直径，对熔体流动性影响不大。

分流道的长度一般在 8～30mm 之间，一般根据型腔布置适当加长或缩短，但最短不宜小于 8mm。否则，会给制品修磨和分割带来困难。

2）分流道的布置形式：分流道的布置形式取决于型腔的布局，其遵循的原则应是排列紧凑，能缩小模板尺寸，减小流程，锁模力力求平衡。

分流道的布置形式有平衡式和非平衡式两种，以平衡式布置最佳。

分流道平衡式布置的形式见表 5-2。其主要特征是：从主流道到各个型腔的分流道，其长度、断面形状及尺寸均相等，以达到各个型腔能同时均衡进料的目的。

分流道非平衡布置的形式见表 5-3。它的主要特征是各型腔的流程不同，为了达到各型腔同时均衡进料，必须将浇口加工成不同尺寸，同样空间时，比平衡式排列容纳的型腔数目多，型腔排列紧凑，总流程短。因此，对于精度要求特别高的制品，不宜采用非平衡式分流道。

3）分流道设计要点：分流道的断面和长度设计，应在保证顺利充模的前提下尽量取小，尤其小型制品更为重要。

表 5-1　分流道截面形状及特点

截面形状	特　点	截面形状	特　点
圆形截面形状 $D = T_{max} + 1.5$	优点：比表面积最小，因此阻力小，压力损失小，冷却速度最慢，流道中心冷凝慢有利于保压 缺点：同时在两半模上加工圆形凹槽，难度大，费用高 T_{max}—制品最大壁厚	梯形截面形状 $b = 4 \sim 12mm$; $h = (2/3) b$; $r = 1 \sim 3$	与 U 形截面特点近似，但比 U 形截面流道的热量损失及冷凝料都多，加工也较方便，因此也较常用
抛物线形截面（或 U 形） $h = 2r$（r 为圆的半径） $a = 10°$	较常用 优点：比表面积值比圆形截面大，但单边加工方便，且易于脱模 缺点：与圆形截面流道相比，热量及压力损失大，冷凝料多	半圆形和矩形截面	两者的比表面积均较大，其中矩形最大，热量及压力损失大，一般不常用

分流道的表面粗糙度一般为 1.6μm 即可，这样可以使熔融塑料的冷却皮层固定，有利于保温。

表 5-2　分流道平衡式布置的形式

分型面为圆形时的环形排列	a) 布局简单，加工方便，但只能布置有限的型腔	b) 好于 a) 形式，浇道末端有冷料井	c) 与 a)、b) 形式相比，同样型腔数目时，流道冷料少
分型面为矩形时的排列	与环形排列相比，同样型腔数目时，模板尺寸可减少，但流道转弯较多，压力损失大，加工也较困难，同时冷料多		

表 5-3　分流道非平衡式布置的形式

当分流道较长时，在分流道末端应开设冷料穴（见表 5-2 和表 5-3），以容纳冷料，保证制品的质量。

分流道与浇口的连接处要以斜面或圆弧过渡，如图 5-7 所示，有利于熔料的流动及填充。否则会引起反压力，消耗动能。

图 5-7　分流道与浇口的连接形式

（3）浇口设计。浇口是连接分流道与型腔的进料通道，是浇注系统中截面最小的部分。其作用是使熔料通过浇口时产生加速度，从而迅速充满型腔；接着浇注处的熔料首先冷凝，封闭型腔，防止熔料倒流；成形后浇口处凝料最薄，利于与制品分离。浇口的形式很多，常见的有以下几种。

侧浇口又称边缘浇口，设置在模具的分型面处，截面通常为矩形，可用于各种形状的制品，其形状和尺寸见表 5-4。

扇形浇口和侧浇口类似，用于成型宽度较大的薄片制品，其形状和尺寸见表 5-5 所示。

平缝式浇口又叫薄片式，该形式可改善熔料流速，降低制品内应力和翘曲变形，适用于成型大面积扁平塑料，其形状和尺寸见表 5-6。

直接浇口又叫主流道型浇口，熔体经主流道直接进入型腔，由于该浇口尺寸大，流动阻力小，常用于高黏度塑料的壳体类及大型、厚壁制品的成型，其形状和尺寸见表 5-7。

环形浇口该形式浇口可获得各处相同的流程和良好的排气，适用于圆筒形或中间带孔的制品，其形状和尺寸见表 5-8。

表 5-4　侧浇口形状和尺寸　　　　　　　　　　　　　　　（单位：mm）

模具类型	浇口简图	塑料名称	a			b	l
			壁厚<1.5	壁厚1.5~3	壁厚>3		
热塑性塑料注射模	(简图：d、D、L、l、a、b、1°~2°)	聚乙烯 聚丙烯 聚苯乙烯	简单塑料 0.5~0.7 复杂塑料 0.5~0.6	简单塑料 0.6~0.9 复杂塑料 0.6~0.8	简单塑料 0.8~1.1 复杂塑料 0.8~1.0	中小型	0.7~2
		ABS 聚甲醛	简单塑料 0.6~0.8 复杂塑料 0.5~0.8	简单塑料 1.2~1.4 复杂塑料 0.8~1.2	简单塑料 0.8~1.1 复杂塑料 0.8~1.0		
		聚碳酸酯 聚苯醚	简单塑料 0.8~1.2 复杂塑料 0.6~1.0	简单塑料 1.3~1.6 复杂塑料 1.2~1.5	简单塑料 1.0~1.6 复杂塑料 1.4~1.6	3~10a 大型制品>10a	
热固性塑料注射模	(简图：a、b、l)	注射型酚醛塑料粉		0.2~0.5		2~5	1~2

表 5-5　扇形浇口形状和尺寸　　　　　　　　　　　　　　（单位：mm）

简　图	尺　寸
(简图：a、α、h、B、b、d、l)	$a=(0.33\sim0.67)t$ $l=0.7\sim2$ $b=(0.67\sim1)d$ $h=0.67d$ $\alpha=0°\sim10°$ 注：t 为塑料的壁厚

表 5-6　平缝式浇口　　　　　　　　　　　　　　　（单位：mm）

简　图	尺　寸
	$a=0.2\sim1.5$ $l<1.5$ $b=0.75\sim1B$

表 5-7　直接浇口形状和尺寸　　　　　　　　　　　（单位：mm）

简　图	尺　寸
	$L<30$ 时，$d=6$ $L>30$ 时，$d=9$

表 5-8　环形浇口形状和尺寸　　　　　　　　　　　（单位：mm）

模具类型	浇口简图	尺　寸
热塑性塑料注射模		$a=0.25\sim1.6$ $l=0.8\sim2$ d——直角式浇注系统的主流道直径或立、卧式浇注系统的分流道直径
热固性塑料注射模		$a=0.3\sim0.5$ A 处应保持锐角

　　轮辐式浇口的特点是浇口去除方便，但制品上往往留有熔接痕，适用范围与环形浇口相似，其形状和尺寸见表5-9。

　　爪形浇口是轮辐式的变异形式浇口，尺寸可以参考轮辐式浇口，该浇口常设在分流锥上，适用于孔径较小的管状制品和同心度要求较高的制品的成型，其形状和尺寸见表5-10。

　　点浇口又叫橄榄形浇口或菱形浇口，截面小如针点，适用于盆型及壳体类制品成型，而不适宜平薄易变形和复杂形状制品以及流动性较差和热敏性塑料成型，其形状和尺寸见表5-11所示。

表 5-9　轮辐式浇口形状和尺寸　　　　　　　　（单位：mm）

浇口类型	浇口简图	尺　寸
轮辐式 浇口		$a=0.8\sim1.8$ $b=1.6\sim6.4$

表 5-10　爪形浇口形状和尺寸　　　　　　　　（单位：mm）

浇口类型	浇口简图	尺　寸
爪形浇口		参考轮辐式浇口

表 5-11　点浇口形状和尺寸

模具类型	简　图	尺寸/mm	说　明
热塑性塑料注射模	a)　b)　c)　d)　e)	$D=0.5\sim1.5$ $l=-0.5\sim2$ $\beta=6^\circ\sim15^\circ$ $R=1.5\sim3$ $r=0.2\sim0.5$ $H=3$ $H_1=0.75D$	图a、b适用于外观要求不高的制品。图c、d适用于外观要求较高的薄壁及热固性塑料，图e适用于多型腔结构
热固性塑料注射模		$d=0.4\sim1.5$ $R=0.5$ 或 $0.3\times45^\circ$ $l=0.5\sim1.5$	当一个进料口不能充满型腔时，不宜增大浇口孔径，而应采用多点进料

潜伏式浇口又叫隧道式、剪切式浇口，是点浇口的演变形式，其特点是利于脱模，适用于要求外表面不留浇口痕迹的制品，但对脆性塑料也不宜采用，其形状和尺寸见表 5-12。

表 5-12　潜伏式浇口形状和尺寸

类　　型	简　　图	尺寸/mm
推切式		d= 0.8～1.5
		α =30º～45º
拉切式		β =5º～20º
		l=1～1.5
		R=1.5～3
二次浇道式		d=1.5～2.5
		α =30º～45º
		β =5º～20º
		l=1～1.5
		b=0.6～0.8t
		θ =0～2º　L>3d_l

护耳式浇口又叫凸耳式、冲击型浇口，适用于聚氯乙烯、聚碳酸酯、ABS 及有机玻璃等塑料的成型。其优点是可避免因喷射而造成塑料的翘曲、层压、糊状斑等缺陷，缺点是浇口切除困难，制品上留有较大的浇口痕迹，其形状和尺寸见表 5-13。

表 5-13　护耳式浇口形状和尺寸

简　　图	护耳尺寸/mm	浇口尺寸
	L=10～20	
	B=10～1.5	a、b、l 参照表 5-4 选取
	H=0.8t	
	t——制品壁厚	

（4）浇口位置设计。浇口位置需要根据制品的几何形状、结构特征，技术和质量要求及塑料的流动性能等因素综合加以考虑。浇口位置的选择见表 5-14。

（5）冷料穴和拉料杆设计。冷料穴是用来收集料流前锋的冷料，常设在主流道或分流道末端；拉料杆的作用是在开模时，将主流道凝料从定模中拉出。其形状及尺寸见表 5-15。

表 5-14 浇口位置的选择

简　图	说　明	简　图	说　明
	圆环形制品采用切向进浇，可减少熔接痕，提高熔接部位强度，有利于排气，但会增加熔接痕数量。适用于大型制品		箱体形制品设置的浇口流程短，焊接痕少，焊接强度好
	框形制品采用对角设置浇口，可减少制品收缩变形，圆角处有反料作用，增大流速，利于成型		对于大型制品采用双点浇口进料，可改善流动性，提高制件质量
	圆锥形制品，当其外观无特殊要求时，采用点浇口进料为合适		圆形齿轮制品，采用直接浇口，可避免产生接缝线，齿形外观质量也可以保证
	对于壁厚不均匀制品，浇口位置应使流程一致，避免涡流而形成明显的焊接痕		薄板形塑料，浇口设在中间长孔中，缩短流程，防止缺料和焊接痕，制件质量良好
	骨架形制品，浇口位置选择在中间，缩短流程，减少了填充时间		长条形制品，采用从两端切线方向进料，可缩短流程，如果有纹向要求，可改从一端切线方向进料
	对于多层骨架的薄壁制品采用多点浇口，可改善填充条件		圆形扁平制品，采用径向扇形浇口，可以防止涡流，利于排气，保证制件质量

表 5-15 冷料穴与拉料杆的形状和尺寸

型式	简　图	说　明	型式	简　图	说　明
带工形拉料杆的冷料穴		用于热塑性塑料模，也可用于热固性塑料模，使用这种拉料杆，在制品脱模后，必须做侧向移动，否则无法取出制品	带拉料杆的球形冷料穴		用于推板推出和弹性较好的塑料
带推杆的倒锥形冷料穴		适用于软质塑料	带推杆的菌形冷料穴		用于推板推出和弹性较好的塑料
带推杆的圆环形冷料穴		用于弹性较好的塑料	主流道延长式冷料穴		用于直角注射机模具

（6）排气孔设计。排气孔常设在型腔最后充满的部位，通过试模后确定。其形状及尺寸见表 5-16。

表 5-16　排气孔的形状和尺寸

简　图	说　明
 1—浇口　2—排气槽	排气槽开设在型腔最后充满的地方
	图 a 为在推杆上开设排气槽 1 的形式 图 b 为大型模具曲线型排气槽 1
	用于热塑性塑料注射模： $h<0.05$mm　$t=0.8\sim1.5$mm $B=1.5\sim6$mm 用于热固性塑料注射模： $h=0.03\sim0.06$mm　$B=3\sim15$mm

注意：

本小节主要讲述了模具设计的一些基础知识，更深的知识可以参照各种模具设计手册和书籍，但是设计一套好的模具更需要有丰富的经验。本书的宗旨不是详细讲述如何能更好地设计出模具，而是如何通过 UG 系统来完成模具设计的一些基本的操作。当掌握了这些基本的操作以后，可以结合自己的设计经验，运用 UG 设计出更出色的模具。

5.1.2　流道

主流道是熔体进入模具最先经过的一段流道。一般使用标准浇口套成型设计而成。

单击【注塑模向导】选项卡【主要】面板上的【标准部件库】按钮 ，系统弹出图 5-8 所示的【重用库】对话框和【标准件管理】对话框，在【重用库】中选择【DME_MM】→【Injection】选项，然后从成员视图中选择需要的标准浇口套。

图 5-8　【重用库】对话框和【标准件管理】对话框

5.1.3　分流道

分流道是熔料经过主流道进入浇口之前的路径，设计要素为流动路径和流道截面形状。单击【注塑模向导】选项卡【主要】面板上的【流道】按钮，系统弹出 5-9 所示的【流道】对话框。

1. 引导线　引导线串的设计根据浇道管道、分型面和参数调整要求的综合情况来考虑，共分为三种方法：

1）输入草图式样。

2）曲线通过点。

3）从引导线上增加/去除曲线。

单击【绘制截面】按钮，进入草图环境绘制引导线，也可以单击【曲线】按钮，选择已有的曲线作为引导线。

2. 截面类型　系统提供了 5 中常用的流道截面形式：Circular(圆形)、Parabolic(抛物线形)、Trapezoidal(梯形)、Hexagonal(六边形)和 Semi_Circular(半圆形)。不同的截面形状有不同的控制参数。

3. 设置

1）编辑注册文件。每个草图式样在使用之前都必须在注塑模向导中登记。

2）编辑数据库。显示一个草图数据的电子表格。

图 5-9　【流道】对话框

📖 5.1.4　浇口

浇口是指连接流道和型腔的熔料进入口，如图 5-10 所示。浇口根据模型特点及产品外观要求的不同有很多种设计方法。

单击【注塑模向导】选项卡【主要】面板上的【浇口库】按钮，系统弹出图 5-11 所示的【浇口设计】对话框。

1．平衡　是指多型腔模具的浇口位置创建于每个阵列型腔的相同位置，当一个浇口设计发生变更时，所有型腔相同浇口也随之自动发生变更。该功能包括【是】和【否】两个单选按钮，如图 5-12 所示。

2．位置　是指设置浇口位于【型腔】侧还是【型芯】侧。一般来说，潜伏式浇口和扇形浇口只位于型芯侧或者型腔侧，而圆形浇口可以位于分型面的中心，如图 5-13 所示。

3．方法　该功能包括【添加】和【修改】两个单选按钮，用于添加或编辑浇口。

【添加】：表示添加一个新的浇口；

【修改】：表示对所选择的浇口进行修改。

4．浇口点表示　单击【浇口点表示】按钮，系统弹出图 5-14 所示的【浇口点】对话框。该对话框主要用于定义浇口的放置位置和删除已有的浇口点。

（1）点子功能。单击该按钮，系统弹出【点】对话框，用于放置浇口点，如图 5-15 所示。

（2）面/曲线相交。定义面与曲线的相交点作为创建浇口的放置点。单击该按钮，系统弹出一个曲线选择对话框和一个曲面选择对话框，用于曲线和曲面的选择，如图 5-16 所示。

图 5-10　浇口示意图

图 5-11　【浇口设计】对话框

图 5-12　平衡选项比较

图 5-13　分流道位置比较

图 5-14　【浇口点】对话框

图 5-15　【点】对话框

（3）平面/曲线相交。定义平面与曲线的相交点作为创建浇口的放置点。单击该按钮，系统弹出一个【曲线选择】对话框和一个【平面】对话框，用于曲线和曲面的选择，如图5-17所示。

图5-16 【选曲线择】对话框和【面选择】对话框

图5-17 【曲线选择】对话框和【平面】对话框

（4）点在曲线上。定义曲线上的点作为创建浇口的放置点。单击该按钮，系统弹出一个【曲线选择】对话框和一个【在曲线上移动点】对话框，用于曲线和曲面的选择，如图5-18所示。

图5-18 在曲线上放置浇口点

（5）点在面上。定义面上的点作为创建浇口的放置点。单击该按钮，系统弹出一个【面选择】对话框和一个【Point Move on Face】对话框，用于曲线和曲面的选择，如图5-19所示。

图5-19 选择面上的点放置浇口点

（6）删除浇口点。使用该按钮选择删除浇口点。

5. 类型　该功能用于定义浇口的类型。单击【类型】后面的下拉菜单，选择浇口类型。选择好后，系统会在类型区显示浇口的形状和图形控制参数，如图 5-20 所示。

系统提供了 8 种浇口类型：fan（扇形浇口）、film（薄片浇口）、pin（点浇口）、pin point（针点式浇口）、rectangle（矩形浇口）、step pin（阶梯状针式浇口）、submarine（潜伏式浇口）、tunnel（耳型浇口）。

6. 重定位浇口　选择浇口后，可以单击【重定位浇口】按钮，系统弹出【REPOSITION】对话框，如图 5-21 所示。利用该对话框对浇口进行重定位。

图 5-20　浇口类型和参数　　　　图 5-21　【REPOSITION】对话框

7.【删除浇口】　可以用这个功能来删除浇口模型

8.【编辑注册文件】　每个浇口模型都注册在注塑模向导模块中并可以编辑。

9.【编辑数据库】　每个浇口模型的参数都保存在电子表格中并可以编辑。

5.1.5　仪表盖模具设计——浇注系统设计

01 浇口设计。

❶单击【注塑模向导】选项卡【主要】面板上的【浇口库】按钮 ，弹出图 5-22 所示的【浇口设计】对话框。设置为平衡浇口，位置位于型芯，选择 fan（扇形）类型的浇口。

❷单击【浇口点表示】按钮，弹出图 5-23 所示的【浇口点】对话框，单击【点子功能】按钮。弹出【点】对话框，如图 5-24 所示，选择图 5-25 所示的直线边缘的点作为浇口的加载点。

❸设置浇口参数，H=3.5，OFFSET=0.1，其他参数按照默认值，单击【应用】按钮，按 XC 正向方向作为方向矢量，创建扇形浇口。

❹在【浇口设计】对话框里面单击【重定位浇口】按钮，在弹出的【REPOSITION】对话框里面输入 Y=-5，按回车键确认。单击【确定】按钮，完成浇口位置的调整，使得浇口沿着-YC 方向移动 5mm，结果如图 5-26 所示。

02 流道设计。

❶单击【注塑模向导】选项卡【主要】面板上的【流道】按钮 ，弹出【流道】对话框，如图 5-27 所示。

❷单击【绘制截面】按钮 ，弹出图 5-28 所示的【创建草图】对话框，在【平面方

法】下拉列表中选择【创建平面】，单击【平面对话框】按钮。

图 5-22　【浇口设计】对话框

图 5-23　【浇口点】对话框

图 5-24　【点】对话框

图 5-25　选择直线端点

图 5-26　创建浇口

❸弹出图 5-29 所示的【平面】对话框，选择【两直线】类型，选择已经创建两个浇口的窄边处上边缘，连续单击【确定】按钮，进入草绘环境。

❹选择两个浇口的窄边处上边缘的中点绘制引导线，如图 5-30 所示。完成草图绘制，退出草图环境。

❺在【流道】对话框里面选择半圆形截面形状通道作为分流道的截面形状，其并且设置 D=10，如图 5-31 所示。设置位置位于型腔，冷料位置位于两端，如图 5-32 所示。

图 5-27　流道引导线定义

图 5-28　【创建草图】对话框

图 5-29　【平面】对话框

图 5-30　绘制流道草图

图 5-31　设置流道参数

图 5-32　创建流道

5.2 冷却组件设计

注塑模具型腔壁的温度高低及其均匀性对成型效率和制品的质量影响很大，一般注入模具的塑料熔体温度为200～300℃，而制品固化从模具取出时的温度为60～80℃。为了调节型腔的温度，需要在模具内开设冷却水通道（或油通道），进行冷却系统设计。

单击【注塑模向导】选项卡【冷却工具】面板上的【冷却标准件库】按扭畳，系统弹出图5-33所示的【重用库】对话框和【冷却组件设计】对话框，提供设计冷却系统用的标准件。

图5-33　【重用库】对话框和【冷却组件设计】对话框

第 **6** 章

其他工具

　　本章介绍的标准件工具全部是 Mold Wizard 提供的以标准件方式组织、调用和编修的工具，它们是滑块/抽芯、镶块、冷却和电极。

- ◉ 滑块和内抽芯
- ◉ 镶块设计
- ◉ 顶杆后处理
- ◉ 电极
- ◉ 模具材料清单
- ◉ 模具图

6.1 滑块和内抽芯

当制品上具有与开模方向不一致的侧孔、侧凹或凸台时，在脱模之前必须先抽掉侧向成型零件（或侧型芯），否则就无法脱模。这种带动侧向成型零件移动的机构称为侧向分型机构。在Mold Wizard里面作为滑块/抽芯标准件进行调用和编修。

根据动力来源的不同，自动侧向分型机构一般可分为机动和气动（液压）两大类。

1. 机动侧向分型与抽芯机构　机动侧向分型与抽芯机构是利用注射机的开模力，通过传动件使模具中的侧向成型零件移动一定距离而完成侧向分型与抽芯动作。这类模具结构复杂，制造困难，成本较高，但其优点是劳动强度小，操作方便，生产率较高，易实现自动化，故生产中应用较为广泛。

2. 液压或气动侧向分型与抽芯机构　液压或气动侧向分型与抽芯机构是以液压力或压缩空气作为侧向分型与抽芯的动力。它的特点是传动平稳，抽拔力大，抽芯距长，但液压或气动装置成本较高。

6.1.1　结构设计

利用斜导柱进行侧向抽芯的机构是一种最常用的机动抽芯机构，如图6-1所示。其结构组成包括：斜导柱3、侧型芯滑块9、滑块定位装置6、7、8及锁紧楔1等。其工作过程为：开模时，开模力通过斜导柱作用于滑块，迫使滑块在开模开始时沿动模的导滑槽向外滑动，完成抽芯。滑块定位装置将滑块限制在抽芯终了的位置，以保证合模时斜导柱能插入滑块的斜孔中，使滑块顺利复位。锁紧楔用于在注射时锁紧滑块，防止侧型芯受到成型压力的作用时向外移动。

图6-1　利用斜导柱侧向抽芯

1—锁紧楔　2—定模板　3—斜导柱　4—销钉　5—型芯　6—螺钉

7—弹簧　8—支架　9—滑块　10—动模板　11—推管

1. 斜导柱设计

（1）斜导柱的结构见图6-2所示。图6-2a所示为圆柱形的斜导柱，它有结构简单、制造方便和稳定性能好等优点，所以使用广泛；图 6-2b 所示为矩形的斜导柱，当滑块很狭窄或抽拔力大时使用，其头部形状进入滑块比较安全；图 6-2c 适用于延时抽芯的情况，可作斜导柱内抽芯用；图 6-2d 所示结构与图 6-2c 所示结构使用情况类似。

a)　　　b)　　　c)　　　d)

图 6-2　斜导柱形式

斜导柱固定端与模板之间的配合采用 H7/m6，与滑块之间的配合采用 0.5 ～ 1mm 的间隙。斜导柱的材料多为 T8、T10 等碳素工具钢，也可以采用 20 钢渗碳处理，热处理要求硬度≥ 55 HRC，表面粗糙度 Ra≤0.8μm。

（2）斜导柱倾角　a 是决定其抽芯工作效果的重要因素。倾斜角的大小关系到斜导柱承受的弯曲力和实际达到的抽拔力，也关系到斜导柱的有效工作长度、抽芯距和开模行程。倾斜角实际上就是斜导柱与滑块之间的压力角，因此，a 应小于 25°，一般在 12° ～ 25° 内选取。

（3）斜导柱直径 d。根据材料力学，可推导出斜导柱 d 的计算公式为

$$d = \sqrt[3]{\frac{FL_w}{0.1[\sigma_w]\cos\alpha}} \qquad (6-1)$$

式中　d——斜导柱直径（mm）；

　　　F——抽出侧型芯的抽拔力，N；

　　　L_w——斜导柱的弯曲力臂（mm）（见图 6-3）；

　　　$[\sigma_w]$——斜导柱许用弯曲应力，对于碳素钢可取为 140MPa；

　　　a——斜导柱倾斜角（°）。

（4）斜导柱长度的计算。斜导柱长度根据抽芯距 s、斜导柱直径 d、固定轴肩直径 D、倾斜角 a 以及安装导柱的模板厚度 h 来确定，如图 6-4 所示。

图 6-3　斜导柱的弯曲力臂

图 6-4　斜导柱长度的确定

$$L = L_1 + L_2 + L_3 + L_4 + L_5$$

$$= \frac{D}{2}\mathrm{tg}\alpha + \frac{h}{\cos\alpha} + \frac{d}{2}\mathrm{tg}\alpha + \frac{s}{\sin\alpha} + (10 \sim 15) \tag{6-2}$$

式中　D——斜导柱固定部分的大端直径（mm）；

　　　h——斜导柱固定板厚度（mm）；

　　　s——抽芯距（mm）。

2．滑块设计

（1）滑块形式分整体式和组合式两种。组合式是将型芯安装在滑块上，这样可以节省钢材，且加工方便，因而应用广泛。型芯与滑块的固定形式如图 6-5 所示。其中图 6-5a、b 所示为较小型芯的固定形式；也可采用图 6-5c 所示的螺钉固定形式；图 d 所示为燕尾槽固定形式，用于较大型芯；对于多个型芯，可用图 6-5e 所示的固定板固定形式；型芯为薄片时，可用图 6-5f 所示的通槽固定形式。滑块材料一般采用 45 钢或 T8、T10 工具钢，热处理硬度 40HRC 以上。

图 6-5　型芯与滑块的固定形式

（2）滑块的导滑形式如图 6-6 所示。其中图 6-6a、e 所示为整体式；图 6-6b、c、d、f 所示为组合式，加工方便。导滑槽常用 45 钢，调质热处理 28～32HRC。盖板的材料用 T8、T10 工具钢或 45 钢，热处理硬度 50HRC 以上。滑块与导滑槽的配合为 H8/f8，配合部分表面粗糙度 $Ra \le 0.8\mu\mathrm{m}$，滑块长度应大于滑块宽度的 1.5 倍，抽芯完毕时留在导滑槽内的长度不小于自身长度的 2/3。

3．滑块定位装置　用于保证开模后滑块停留在刚脱离斜导柱的位置上，使合模时斜导柱能准确地进入滑块的孔内，顺利合模。滑块的定位形式如图 6-7 所示。其中图 6-7a 所示为滑块利用自重停靠在限位挡块上，结构简单，适用于向下方抽芯的模具；图 6-7b 所示为靠弹簧力使滑块停留在挡块上，适用于各种抽芯的定位，定位比较可靠，经常采用；图 6-7c、d、e 所示为弹簧止动销和弹簧钢球定位的形式，结构比较紧凑。

4．锁紧楔　其作用就是锁紧滑块，以防在注射过程中。活动型芯受到型腔内塑料熔体的压力作用而产生位移。常用的锁紧楔形式如图 6-8 所示。其中图 6-8a 所示为整体式，其结构牢固可靠，刚性好，但耗材多，加工不便，磨损后调整困难；图 6-8b 所示的形式适用于锁紧力不大的场合，制造调整都较方便；图 6-8c 所示形式利用 T 形槽固定锁紧楔，销钉定位，能承受较大的侧向压力，但磨损后不易调整，适用于较小模具；图 6-8d 所示为锁紧楔整体嵌入模板的形式，刚性较好，修配方便，适用于较大尺寸的模具；图 6-8e、f 所示形式对锁紧楔进行了加强，适用于锁紧力大的场合。

图 6-6　滑块的导滑形式

图 6-7　滑块的定位形式图　　　图 6-8　锁紧楔的形式

6.1.2　设计方法

1. 滑块/抽芯概览　从结构上来看，滑块/抽芯的组成大概可以分为两部分：滑块/抽芯头部和滑块/抽芯体。头部依赖于产品的形状，体则由可自定义的标准件组成。

（1）头部设计。可以用以下方法来创建滑块或斜顶的头部。

1）用实体头部方法创建滑块或斜顶头部。单击【注塑模向导】选项卡【注塑模工具】面组上的【分割实体】按钮 🔳。如果在型芯或型腔中创建好了实体头部，并添加了滑块或斜顶体，就可以将该头部链接到滑块或斜顶体中并将它们并到一起。也可以创建一个新的组件，再将头部链接到新组件中。实体头部方法经常用于滑块头部的设计。

2）直接添加滑块或斜顶到模架中，然后设定滑块和抽芯的本体作为工作部件。使用 NX 的装配的 Wave 几何链接器将型芯或型腔分型面链接到当前的工作部件中。最后用该分型面来修剪滑块或斜顶的本体。

（2）体的设计。滑块/抽芯体一般由几个组件组成，如本体和导向件等。这些组件由NX 的装配功能装配到一起。滑块/斜顶的大小由尺寸控制。滑块/斜顶的装配可以视为标准件，因此标准件方法会应用在滑块/抽芯设计中。图 6-9 所示为Push-Pull 滑块的结构形式。可以参考其给出的形式。

注塑模向导提供了几种类型的滑块/抽芯结构。因为标准件功能是一个开放式结构的设计，所以可以向注塑模向导中添加自定义的滑块/抽芯结构。

滑块/抽芯文件保存在文件目录 .../moldwizard/slider_lifter 中。在使用之前所有滑块/抽芯都需要进行注册。注册文件的名称是

图 6-9 Push-Pull 滑块结构

1—滑块驱动部分 2—滑块体

3—固定导轨 4—底板

slider_lifter_reg.xls。有两个注册的变更分别对应不同的单位类型：SLIDE_IN 用于英制，SLIDE_MM 用于公制。选择编辑注册文件 🖼，注册文件会加载到表格中编辑。

滑块/抽芯机构以子装配体的形式加入到模具装配体的 prod 节点下，其装配体一般含有滑块头、斜楔、滑块体和导轨等使滑块/抽芯能够移动所必需的零部件。

2．滑块设计 的用户界面同标准件的界面相同。下面举例说明滑块的设计步骤。

（1）设计滑块头部。使用模具工具中交互建模的方法在型芯或型腔部件中创建滑块的头部。

（2）设定 WCS（工作坐标系）。将 WCS（工作坐标系）设定在头部的底线的中心，Z+指向顶出方向，Y+指向底切区域。其方向同滑块库中的设计方向相关。

（3）添加滑块体。单击【注塑模向导】选项卡【主要】面板上的【滑块和浮升销库】按钮 ，弹出如图 6-10 所示的【重用库】对话框和【滑块和浮升销设计】对话框，选择适当的参数，单击【确定】按钮，添加一个标准尺寸的滑块体。

图 6-10 【重用库】对话框和【滑块和浮升销设计】对话框

（4）链接滑块体。使用 Wave 几何链接器 工具，将滑块头部链接到滑块的本体部件中，修改滑块体的尺寸，并将它们布尔合并到一起。

（5）如果有必要，调整模架尺寸。

6.1.3 仪表盖模具设计——滑块设计

01 为加入滑块变换 WCS。

❶选择以 prod 作为工作部件，同时作为显示部件。选择【菜单】→【格式】→【图层设置】命令，在弹出的【图层设置】对话框里使得第 25 层可见用来显示滑块头。

❷选择【菜单】→【格式】→【WCS】→【原点】命令，弹出如图 6-11 所示的【点】对话框。用自动判断的点选中下边缘线的中点，如图 6-12 所示，WCS 发生移动。

图 6-11 【点】对话框

图 6-12 第一次坐标调整

❸单击【分析】选项卡【测量】面板上的【测量距离】按钮，测量 WCS 距离成型工件侧面的距离为 27.3626，将该值带入【点】对话框，如图 6-13 所示，再次移动 WCS，结果如图 6-14 所示。

图 6-13 【点】对话框

图 6-14 第二次坐标调整

❹选择【菜单】→【格式】→【WCS】→【旋转】命令,弹出如图 6-15 所示的【旋转 WCS 绕】对话框。选中【+ZC 轴】:XC➔YC 选项,输入角度为 90。单击【确定】按钮,完成 WCS 的旋转,如图 6-16 所示。

图 6-15　【旋转 WCS 绕】对话框

图 6-16　第三次坐标调整

02 加入滑块。

❶单击【注塑模向导】选项卡【主要】面板上的【滑块和浮升销库】按钮，弹出图 6-17 所示的【重用库】对话框和【滑块和浮升销设计】对话框,在【名称】中选择【SLIDE_LIFT】→【Slide】,在【成员选择】中选择【Push-Pull Slide】,在【详细信息】栏中设置 angle 为 30, wide 为 25, slide_top 为 15（注意需要按下 Enter 输入）。注意信息对话框里面位图区域所示的滑块结构图,以及坐标系的原点的位置,Y+指向滑块头的方向。

❷单击【确定】按钮,添加的结果如图 6-18 所示。

图 6-17　【重用库】对话框和【滑块和浮升销设计】对话框

图 6-18　添加滑块的结果

03 链接滑块体。

❶选择【菜单】→【格式】→【图层设置】命令，在弹出的【图层设置】对话框里面使得第 10 层（成型工件）可见，以第 1 层为工作层。以 ex2-6_prod_010 作为显示零部件，并把型腔转为工作部件。这些通过单击【装配导航器】图标来实现。

❷单击【装配】选项卡【常规】面板上的【WAVE 几何链接器】按钮，弹出如图 6-19 所示的【WAVE 几何链接器】对话框。选择体类型，并选中如图 6-20 所示的滑块部件的滑块体部分，单击【确定】按钮，创建滑块体到目前的工作零件的几何链接体（即型腔）。

图 6-19 【WAVE 几何链接器】对话框

图 6-20 选择滑块体

04 连接滑块体和滑块头。

❶单击【主页】选项卡【特征】面板上的【拉伸】按钮，弹出【拉伸】对话框如图 6-21 所示。以滑块头的外端面为起始，沿着 YC 方向拉伸，拉伸距离为 15，然后选择部件的外端面拉伸到【直至延伸部分】的深度，如图 6-22 所示。

图 6-21 【拉伸】对话框

图 6-22　拉伸

❷单击【主页】选项卡【同步建模】面板上的【替换面】按钮，弹出如图 6-23 所示的【替换面】对话框。选择的拉伸实体的大端面作为要替换的面，选择型腔的大端面作为替换面，如图 6-24 所示，单击【确定】按钮，拉伸实体的大端面被压缩，结果如图 6-24 所示。

图 6-23　选择【替换面】　　　　　　　　图 6-24　替换结果

❸单击【主页】选项卡【特征】面板上的【合并】按钮，在弹出的【合并】对话框里面，选择该拉伸实体和滑块头，将两者布尔求和。然后再和滑块部件的滑块体求和。

❹单击【主页】选项卡【特征】面板上的【减去】按钮，在弹出的【求差】对话框中勾选【保存工具】复选框，使用求和后的滑块体同型腔求差，求差后的型腔如图 6-25 所示。

图 6-25　求差后的型腔

6.2　镶块设计

镶件用于型芯或型腔容易发生消耗的区域，也可以用于简化型芯型腔的加工。一个完整的镶件装配由镶件头部和镶件足/体组成。单击【注塑模向导】选项卡【主要】面板上的【子镶块库】按钮，系统弹出如图6-26所示的【重用库】对话框和【子镶块设计】对话框。

该对话框类似于前面工件对话框中的【标准件管理】对话框，利用该对话框可以方便地插入镶块标准件。镶件形状分为矩形内嵌件和圆形内嵌件，并可以设置是否带支承底面（支承底面）以及所用的材料。

图6-26　【重用库】对话框和【子镶块设计】对话框

单击成员选择中的文件，系统弹出如图6-27所示的【信息】对话框，可在【详细信息】栏中修改镶件的尺寸。修改完成后，单击【应用】按钮。

图6-27　【信息】对话框

6.3　顶杆设计

顶杆是顶出制品或浇注系统凝料的杆件。顶杆顶出是注塑成型中最常用的功能。在设计顶杆时，一般在【标准件管理】对话框中选择好顶杆并加载，并保证顶杆的长度必须要穿过产品体，然后再利用【顶杆】功能进行裁减。【顶杆】功能可以改变用标准件功能创建的顶杆的长度并设定配合的距离。由于顶杆功能要用到形成型腔、型芯的分型片体（或已完成型腔、型芯的提取区域），因此在使用顶杆功能之前必须先创建型腔、型芯。在用标准件创建顶杆时，必须选择一个比要求值长的顶杆，才可以将它调整到合适的长度。

6.3.1 顶出机构的结构

常用的顶出机构是简单顶出机构，也叫一次顶出机构。即制品在顶出机构的作用下，通过一次动作就可脱出模外的形式。它一般包括顶杆顶出机构、顶管顶出机构、推件板顶出机构、推块顶出机构等。这类顶出机构最常见，应用也最广泛。

1. 顶杆顶出机构

（1）顶杆的特点和工作过程。顶杆顶出机构是最简单、最常用的一种顶出机构。由于设置顶杆的自由度较大，而且顶杆截面大部分为圆形，容易达到顶杆与模板或型芯上顶杆孔的配合精度，顶杆顶出时运动阻力小，顶出动作灵活可靠，损坏后也便于更换，因此在生产中广泛应用。但是因为顶杆的顶出面积一般比较小，易引起较大局部应力而顶穿制品或者使得制品变形，所以很少用于脱模斜度小和脱模阻力大的管类或箱类制品。

图 6-28 所示的工作过程是：开模时，当注射机顶杆与顶板 5 接触时，制品由于顶杆 3 的支承处于静止位置，模具继续开模，制品便离开动模 1 脱出模外；合模时，顶出机构由于复位杆 2 的作用回复到顶出之前的初始位置。

（2）顶杆的设计。顶杆的基本形式如图 6-29 所示。图 6-29a 所示为直通式顶杆，尾部采用台肩固定，是最常用的形式；图 6-29b 所示为阶梯式顶杆，由于工作部分较细，故在其后部加粗以提高刚性，一般直径小于 2.5～3mm 时采用；图 6-29c 所示为顶盘式顶杆，这种顶杆加工起来比较困难，装配时也与其他顶杆不同，需从动模型芯插入，端部用螺钉固定在顶杆固定板上，适用于深筒形制品的顶出。

图 6-28 顶杆顶出机构

1—动模 2—复位杆 3—顶杆 4—顶杆固定板
5—顶板 6—动模底板图

图 6-29 顶杆的基本形式

图 6-30 所示为顶杆在模具中的固定形式。其中图 6-30a 所示是最常用的形式，直径为 d 的顶杆在顶杆固定板上的孔应为 $d+1mm$，顶杆台肩部分的直径为 $d+6mm$；图 6-30b 所示为采用垫块或垫圈来代替图 6-30a 所示结构中固定板上沉孔的形式，这样可使加工方便；图 6-30c 所示顶杆底部采用顶丝拧紧的形式，适用于顶杆固定板较厚的场合；图 6-30d 所示结构用于较粗的顶杆，采用螺钉固定。

（3）顶杆设计的注意事项。

1）顶杆应选择在脱模阻力最大的地方，因制品对型芯的包紧力在四周最大。若制品较深，则应在制品内部靠近侧壁的地方设置顶杆，如图 6-31a 所示，若制品局部有细而深的凸台或筋，则必须在该处设置顶杆，如图 6-31b 所示。

a)　　　b)　　　c)　　　d)

图 6-30　顶杆的固定形式

2）顶杆不宜设在制品最薄处，否则很容易使制品变形甚至破坏，必要时可增大顶杆面积来降低制品单位面积上的受力。图 6-31c 所示为采用顶盘顶出。

3）当细长顶杆受到较大脱模力时，顶杆就会失稳变形，如图 6-32 所示。这时就必须增大顶杆直径或增加顶杆的数量，同时要保证制品顶出时受力均匀，从而使制品顶出平稳而且不变形。

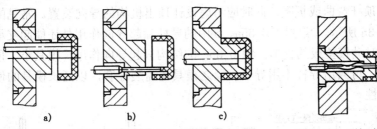

a)　　　　b)　　　　c)　　　　　　　　

图 6-31　顶杆位置的选择　　　　图 6-32　顶杆变形

4）因顶杆的工作端面是成型制品部分的内表面，如果顶杆的端面低于或高于该处型面，则制品上就会产生凸台或凹痕，影响其使用及美观。因此通常顶杆装入模具后，其端面应与型腔面平齐或高出 0.05～0.1mm。

5）当制品各处脱模阻力相同时，应均匀布置顶杆，且数量不宜过多，以保证制品被顶出时受力均匀、平稳、不变形。

2. 顶管顶出机构　用来顶出圆筒形、环形制品或带孔制品的一种特殊结构形式，其脱模运动方式和顶杆相同。由于顶管是一种空心顶杆，故整个周边接触制品，顶出的力量均匀，制品不易变形，也不会留下明显的顶出痕迹。

（1）顶管顶出机构的结构形式。如图 6-33a 所示的顶管是最简单、最常用的结构形式，模具型芯穿过推板固定于动模座板。这种结构的型芯较长，可兼作顶出机构的导向柱，多用于脱模距离不大的场合，结构比较可靠。图 6-33b 所示的形式是型芯用销或键固定在动模板上的结构。这种结构要求在顶管的轴向开一长槽，容纳与销（或键）相干涉的部分，槽的位置和长短依模具的结构和顶出距离而定，一般是略长于顶出距离。与上一种形式相比，这种结构形式的型芯较短，模具结构紧凑，缺点是型芯的紧固力小，适用于受力不大的型芯。图 6-33c 所示的形式是型芯固定在动模垫板上，而顶管在动模板内滑动，这种结

UG NX 10.0

构可使顶管与型芯的长度大为缩短，但顶出行程包含在动模板内，致使动模板的厚度增加，用于脱模距离不大的场合。

图 6-33　顶杆顶出机构的形式

（2）有关顶管的配合。顶管的配合如图 6-34 所示。顶管的内径与型芯相配合，小直径时选用 H8/f7 的配合，大直径取 H7/f7 的配合；外径与模板上的孔相配合，直径较小时采用 H8/f8 的配合，直径较大时采用 H8/f7 的配合。顶管与型芯的配合长度一般比顶出行程大 3～5mm，顶管与模板的配合长度一般为顶管外径的 1.5～2 倍，顶管固定端外径与模板有单边 0.5mm 的装配间隙，顶管的材料、热处理硬度要求及配合部分的表面粗糙度要求与顶杆相同。

3．顶出机构的导向与复位

（1）导向零件。有时顶出机构中的顶杆较细、较多或顶出力不均匀，顶出后推板可能发生偏斜，造成顶杆弯曲或折断，此时应考虑设计顶出机构的导向装置。常见的顶出机构导向装置如图 6-35 所示。其中图 6-35a、b 中的导柱除起导向作用外还能起支承作用，以减小在注射成型时动模垫板的变形；图 6-35c 的结构只起导向作用。模具小、顶杆少、制品产量又不多时，可只用导柱不用导套；反之模具还需装导套，以延长模具的使用寿命及增加模具的可靠性。

图 6-34　顶管的配合　　　　图 6-35　顶出机构的导向部件

1—顶管　2—型芯　3—制品

（2）复位零件。顶出机构在开模顶出制品后，要为下一次注射成型做准备，需使顶出机构复位，以便恢复完成的模腔，所以必须设计复位装置。最简单的方法是在推固定板上同时安装复位杆，也叫回程杆。

📖 6.3.2　顶杆后处理

单击【注塑模向导】选项卡【主要】面板上的【顶杆后处理】按钮 ，系统弹出图 6-36 所示的【顶杆后处理】对话框，用于对顶杆进行修剪。

该处理方式使用两个步骤来进行顶杆处理：【选择目标体】和【工具片体】。

1. 类型　选择目标体包括三个选项：

（1）【调整长度】是指用参数来调整顶针，而不是用建模面来修剪顶针，将顶杆的长度调整到与型芯表面的最高点一致，会造成产品体凹痕。如图 6-37 所示。

图 6-36　【顶杆后处理】对话框　　　　　　图 6-37　调整长度修剪

（2）【修剪】用一个建模面（型腔侧面）来修剪顶针，使顶杆头部与型芯表面相适应。如图 6-38 所示。

（3）【取消修剪】是指取消对顶杆的修剪。

2. 设置　【配合长度】定义修剪顶杆孔的最低点与顶杆孔偏置开始的位置之间的距离。如图 6-39 所示。

图 6-38　片体修剪示意图　　　　　　图 6-39　配合长度示意图

3. 工具

（1）【修边部件】。使用修边部件来定义包含顶杆修剪面的文件。默认值是修剪部件。

（2）【修边曲面】。使用修边曲面来定义修剪部件中选择的修剪部件的哪些面用来修剪顶杆。每个修剪部件有多个修剪片体。选择面可以直接选择任意面，再将它们链接到顶杆组件中来修剪顶杆。这里如果选择了多个面，Mold Wizard 会把它们缝合在一起。有【CORE_TRIM_SHEEF】、【CAVITY_TRIM_ SHEEF】、【选择片体】和【选择面】4种方式可供选择。

6.3.3 仪表盖模具设计——顶杆设计

01 单击【注塑模向导】选项卡【主要】面板上的【标准件库】按钮 📇，在弹出的【重用库】对话框和【标准件管理】对话框中选择名称【DME_MM】→【Ejection】，在成员选择中选择【Ejection Pin[Straight]】，如图 6-40 所示，在详细信息栏中设置 CATALOG_DIA 为 3，CATALOG_LENGTH 为 200。

图 6-40 【重用库】对话框和【标准件管理】对话框

02 单击【应用】按钮，弹出【点】对话框，分别在图 6-41 所示的 9 个圆心的位置和边缘位置放置顶杆。图 6-42 所示为放置顶杆的结果。

图 6-41 构造顶杆的点

图 6-42 放置顶杆的结果

03 单击【注塑模向导】选项卡【主要】面板上的【顶杆后处理】按钮 ⬚，弹出 6-43 所示的【顶杆后处理】对话框。在目标列表中选择已经创建的 10 个顶杆。

04 接受默认的修边曲面，即型芯修剪片体（CORE_TRIM_SHEET），如图 6-43 所示。

05 单击【确定】按钮，完成顶杆的修剪。结果如图 6-44 所示。

图 6-43　【顶杆后处理】对话框　　　　图 6-44　顶杆修剪的结果

6.4　电极

模具的型芯、型腔或者嵌件通常具有复杂的外形，有些加工非常困难，一般采用电极来解决复杂区域的加工。要进行放电加工，首先使用电极材料（一般是铜和石墨）制作电极，然后将电极安装到电火花机上，对型芯、型腔的某个区域或整个区域进行加工。

6.4.1　标准电极设计

单击【注塑模向导】选项卡【主要】面板上的【电极】按钮 ⬚，系统弹出图 6-45 所示的【电极设计】对话框。

1. 目录　单击对话框的【目录】选项卡，有以下内容：

（1）定义电极属性。该对话框包括两种电极，型腔电极（Cavity Electrode）和型芯电极（Core Electrode），如图 6-46 和图 6-47 所示。

（2）父级和位置。

【父】下拉列表允许用户为所加入的标准件选择一个父装配，如图 6-48 所示。如果下拉列表中没有要选的父装配名称，可以在加入标准件前，把该父装配设为工作部件。

【位置】下拉列表为标准件选择主要的定义参数方式，包括【NULL】、【WCS】、【WCS_XY】、【POINT】、【POINT PATTEN】、【PLANE】、【ABSOLUTE】等选项，如图 6-49 所示。

（3）SHAPE：定义标准镶件的类型，包括正方形、矩形和圆形三种电极形状。选择不同的电极类型，对应不同的电极参数。如图 6-50 所示。

（4）X-LENGTH：用于定义电极 X 向尺寸。

图 6-45 　【电极设计】对话框

图 6-46　型腔电极　　　　　　　　　　图 6-47　型芯电极

图 6-48　父级下拉列表　　　　　　　　图 6-49　位置下拉列表

（5）Y-LENGTH：用于定义电极 Y 向尺寸。

（6）BURN_LEVEL：用于定义电极的放电高度。

（7）FIXTURE_LEVEL：用于定义电极的安装高度。

（8）CLEAR_LEVEL：用于定义电极的余量高度。

图 6-50　电极参数

2. 尺寸　单击对话框中的尺寸对话框，系统弹出如图 6-51 所示对话框，用于定义电极的形状参数。通过该对话框，可以根据实际需要对标准件库中的电极件进行编辑，制作出合适的电极来。

6.4.2　仪表盖模具设计——电极设计

01　单击【注塑模向导】选项卡【主要】面板上的【电极】按钮，在弹出的如图 6-52 所示的【电极设计】对话框里面，选择电动机的类型为【Core Electrode】，SHAPE=RECTANGLE，X_LENGTH=25，Y_LENGTH=10，FIXTURE_LEVEL=80，CLEAR_LEVEL=40。

图 6-51　【电极设计】对话框 1　　　　　图 6-52　【电极设计】对话框 2

02　单击【应用】按钮，弹出【点】对话框，如图 6-53 所示，捕捉图 6-38 所示的点作为标准电极的加载点，该图所示为放置了电极毛坯后的结果。单击【点】对话框的【取消】按钮，退出电极毛坯的放置操作。

03　在【电极设计】对话框里面单击【重定位】按钮，弹出如图 6-54 所示的【重

133

定位组件】对话框。单击【平移】按钮 ，在弹出的【变换】对话框里面，输入 DX 为 -6，如图 6-55 所示。电极毛坯平移变换的结果如图 6-56 所示。

图 6-53 【点】对话框

图 6-54 【重定位组件】对话框　　图 6-55 【变换】对话框　　图 6-56 平移变换的结果

04 单击【注塑模向导】选项卡【注塑模工具】面板上的【修边模具组件】按钮 ，弹出如图 6-57 所示的【修边模具组件】对话框。选择电极毛坯作为目标体，选择 CORE_TRIM_SHEET 作为工具体，单击【反向】按钮调整修剪方向，完成电极毛坯的修剪，结果如图 6-58 所示。

图 6-57 【修边模具组件】对话框　　　　　图 6-58 修剪电极毛坯

05 单击【主页】选择卡【同步建模】面板上的【替换面】按钮，弹出【替换面】对话框，图 6-59 所示为选择的替换面和要替换面。单击【确定】按钮，结果如图 6-60 所示。

图 6-59　替换面　　　　　　　　　　　　　　　图 6-60　替换面结果

06 单击【注塑模向导】选项卡【主要】面板上的【腔体】按钮，弹出如图 6-61 所示的【腔体】对话框。选择模具的型芯和型腔作为目标体，选择加载的顶杆、浇注系统零件和块零件作为刀具体。单击【确定】按钮，完成建立腔体的工作。独立显示的型芯如图 6-62 所示。

图 6-61　【腔体】对话框　　　　　　　　　　　图 6-62　型芯

07 选择【文件】→【保存】→【全部保存】命令，保存全部零件。

6.5　模具材料清单

注塑模向导包含一个带目录排序信息的全相关的材料清单（BOM）。清单产生的部件列表功能在制图（Drafting）模块中。

单击【注塑模向导】选项卡【主要】面板上的【材料清单】按钮，弹出如图 6-63 所示的【物料清单】对话框。

1. BOM 表　部件列表信息显示在列表窗口中。第一行和最后一行记录区域名称代表每一列的意义。

当选择一个记录时，详细的记录信息会显示在文本区域，相应的组件会在 NX 的绘图区中显示。当在 NX 的绘图区中选择一个标准组件时,相应的记录也会高亮显示。如果选择的组件不在当前列表窗口的记录当中,会有一个信息框提示要将它添加到列表窗口中。

在每个记录中的相邻的值域中间,有一个竖直的间隔(|)。区域的值会以适当的宽度显示,如果太宽,后面的字符会以省略号(...)来代替。如果区域名称长度超过 132 个字符,某些区域的名称将会切掉以符合列表窗口。

2.【隐藏列表】 隐藏的组件会列举在隐藏列表窗口中。

图 6-63 【物料清单】对话框

6.6 模具图

根据实际要求,Mold Wizard 可以自动创建模具工程图,并可以添加不同的视图和截面,包括装配图纸,组件图纸和孔表三种。

6.6.1 装配图纸

装配图纸功能自动创建和管理模具绘图。使用者可以创建绘图,给绘图输入预定义图框,及创建视图。

单击【注塑模向导】选项卡【模具图纸】面板上的【装配图纸】按钮,弹出【装配图纸】对话框。

在注塑模向导中创建一个模具装配图纸的步骤如下:

● 定义图纸页的名称,单位和模板并创建图纸。
● 设定装配组件的可见性属性。
● 创建视图并控制各视图中组件的可见性。

1. 图纸　如图 6-64 所示，注塑模向导支持两种创建两种类型的图纸：

● 自包含：图纸在装配的顶层部件（top）中创建。

● 主模型：图纸在一个单独的部件文件中创建，装配的顶层部件（top）会添加为该主模型部件文件的子组件。

（1）自包含图纸。创建模具装配自包含图纸的第一个步骤是从列表中选择一个图纸模板。系统会根据工作部件的单位，显示默认模板列表。例如，如果工作部件是英制的，默认模板列表将会是英制的。当然，也可以切换到公制并从列表中的公制模板中选择图纸模板。

（2）主模型图纸。在【装配图纸】对话框中选择主模型选项作为图纸类型，便可以创建主模型图纸。用该选项创建图纸有两种方法：

1）新建主模型文件。单击文件图标 ⬛，出现一个文件选择对话框。定义新建主模型部件文件的位置、单位及文件名后，单击【确定】。该文件的完整路径名称显示在创建/部件模具图纸对话框中。

该对话框显示默认的图纸名称和图纸模板，可以选择这些默认值，也可以根据需要来更改。如果单击【应用】按钮，指定文件名和单位的主模型部件文件就会在指定位置创建。图纸会创建在该部件文件中并输入选择的模板。图纸的名称在对话框中定义。

2）打开主模型文件 ⬛。如果选择了一个正确的主模型部件文件，该文件会打开作为显示部件。该主模型部件文件的所有图纸都会列举在图纸下拉菜单中。如果希望在该主模型部件文件中创建一个新的图纸，在图纸下拉菜单中选择创建新的选项。

2. 可见性　为了控制图纸各个视图的组件的可见性，要在可见性页面中指定各组件的可见性属性，如图 6-65 所示。

图 6-64　图纸

图 6-65　可见性

（1）属性名称。注塑模向导有两种属性可以指定给一个组件：MW_SIDE 和

MW_COMPONENT_NAME。【属性名称】是 MW_SIDE 。

1）MW_SIDE 属性。该属性决定部件属于哪一侧。组件可以属于 A 侧或者 B 侧。选定属性值为 A 或 B。如果不希望组件显示在任何视图中，可以从下拉菜单中指定为隐藏属性。

2）MW_COMPONENT_NAME 属性。该属性决定组件的类型。该属性用于在一个视图中只显示确定的组件类型。默认组件类型列举在【属性值】下拉菜单中。

可以更改，去除或添加组件类型。打开文件 MW_Drawing_ComponentTypes1 和 MW_Drawing_ComponentTypes2 并更改。这些更改在下次使用装配图纸功能并打开该对话框时可以使用。

一个组件只能是其中一种类型。例如，它可以是斜顶或顶针，但不能两者都是。如果先指定了属性 MW_COMPONENT_NAME=LIFTER ， 再 指 定 MW_COMPONENT_ NAME=EJECTOR 给同一个组件，先指定的属性会被第二个属性覆盖，最终结果是 =EJECTOR。

（2）属性值。默认的【属性值】是 A。第一次打开该对话框时，列表窗口显示 A 侧的组件名称，如果没有组件含有属性 MW_SIDE=A，则【选定组件】列表是空的。

（3）【列出相关对象】选项，如果选择一个组件，其所有子组件也都会选中，可以从 NX 的绘图窗口中取消选择一个子组件。

3. 视图页面 如图 6-66 所示，图纸的模板和当前图纸中的所有的视图都显示在图纸列表中。比例和其他显示属性从图纸模板中读取。

可见性控制的默认值如下：

● 型芯侧视图（CORE）：显示 B 侧选项打开。

● 型腔侧视图（CAVITY）：显示 A 侧选项打开。

● 前剖视（FRONTSECTION）：显示 A 侧和显示 B 侧选项均打开。

● 右剖视（RIGHTSECTION）：显示 A 侧和显示 B 侧选项均打开。

● 其他视图：显示 A 侧和显示 B 侧选项打开

图 6-66 视图页

6.6.2 组件图纸

组件图纸功能为模具装配组件自动创建并管理图纸。可以为装配的每个组件创建图纸，输入预定义图框式样到图纸中，以及创建视图。

单击【注塑模向导】选项卡【模具图纸】面板上的【组件图纸】按钮，弹出图 6-67 所示的【组件图纸】对话框。

1. 全部　选择此选项，列表中列出所有组件。

2. 类型　在组件中选择组件类型，列表只显示能够匹配选择类型的组件。

图 6-67　【组件图纸】对话框

6.6.3　孔表

孔表可以为组件中的所有孔创建一个表。表由制图模块创建并使用制图的表格注释。其内容包括：按不同直径和类型来分类的孔；按直径升序来分类的孔；按到基准的距离升序来分类的孔；每种分类的 ID（编号）、孔径、孔的类型和孔的深度；也可以定制这些属性的显示。

单击【注塑模向导】选项卡【模具图纸】面板上的【孔表】按钮，弹出如图 6-68 所示的【孔表】对话框。

孔表可以自动搜索参考面上的孔，将它们按直径和类型来分类，并计算各个孔中心到原点的距离。

孔表使用模板来创建孔表。孔表是由制图模块生成的。在制图模块中，可以使用建模状态或绘图状态（通过切换【显示绘图】开关）。孔表会自动识别那些包含孔的最顶层的面。如果没有找到有孔的顶层面，系统将会输出一个错误信息并退出孔表功能。

1. 选择原点　在该选择步骤中，需要定义一个原点来计算孔的坐标位置。孔表功能用坐标原点计算，这类似于在制图中创建坐标原点。选择创建坐标原点的对象，并在对话框中输入坐标原点名称，系统会在选定的对象上创建一个坐标原点。另外，也可以选择一个现有的坐标原点。

图 6-68　【孔表】对话框

2. 选择对象　从绘图区选择一个视图。孔表会在该视图中创建。

3．原点　在孔表功能自动搜索并分类完孔后，系统会提示选择一个创建孔表的位置。NX 会切换到将孔表放置在选择的位置点上。

6.7　视图管理

视图管理提供了模具构件的可见性控制、颜色编辑、更新控制以及打开或关闭文件的管理功能。视图管理功能可以和注塑模向导的其他功能一起使用。

单击【注塑模向导】选项卡【模具图纸】面板上的【视图管理器】按钮，弹出如图 6-69 所示的【视图管理器浏览器】对话框，该对话框包含一个可查看部件结构树的滚动窗口和控制结构树显示的按钮及选项，如图 6-69 所示。

图 6-69　【视图管理器浏览器】对话框

滚动窗口包含部件的结构树。每列控制每个模具特征（如型腔，型芯，A 侧）的显示：

●定制名称：该列列出了模具所有者 holders 和节点的名称。该名称可以是标准组件的名称，或自定义的名称。

● 隔离：使用该列以只显示特定组件。但你选择树中的某个父节点，子节点也会选中并显示。

● 冻结状态：在当前任务中可以冻结（锁定）/解冻（解锁）WAvE interpart 中的一个组件或部件系列。

● 打开状态：可以打开、关闭 holders 和节点。

● 属性数量：显示当前装配部件的数量。

6.8　删除文件

在模具设计过程中，如果出现了没有被使用过的或者重复创建的部件，会被 Mold Wizard 纪录下来，然后通过【删除文件】功能显示。

单击【注塑模向导】选项卡【主要】面板上的【未用部件管理】按钮，弹出图 6-70
所示的【未用部件管理】对话框。

图 6-70   【未用部件管理】对话框

其按钮功能如下：

●项目目录：选择该选项，列举工程目录中所有未使用的部件文件。

● 回收站：选择该选项，列举回收站中的所有文件。

● 从项目目录中删除文件 ⊠：直接从文件系统中删除未使用的文件。这些文件将不可
恢复。

● 将文件放入到回收站 ：将未使用的文件放入回收站目录中。

● 恢复文件 ：从回收站中将未使用文件恢复到项目目录中。

● 清空回收站 ：从文件系统中删除回收站目录中的未使用文件。

第 2 篇　典型实例篇

本篇（包括第 7 章到第 11 章，总共 5
章）在前面知识学习的基础上，讲解一些典
型实例，内容包括：典型一模两腔模具设计
——散热盖、典型多腔模模具设计——充电
器、典型分型模具设计——播放器盖、典型
多件模模具设计——上下圆盘和典型动定模
模具设计——发动机活塞。

通过这些典型模具设计的学习，读者可
以深入理解前面的基础知识，并掌握模具设
计工程应用实践的相关知识，提高工程设计
能力。

第 **7** 章

典型一模两腔模具设计——散热盖

本章实例作为全书的第一个综合实例，塑件结构比较简单。使用模具工具对塑件产品进行了修补，然后进行了分型设计。零件下部的倒钩结构是一种典型的模具设计产品结构，本例给出了设计描述。由于型芯的多凸起结构不便于机械加工，这里进行了电极设计，使用放电加工的方法来实现加工。这是一种解决型芯或者型腔复杂密集结构的通用办法。

- ◉ 初始设置
- ◉ 分型设计
- ◉ 辅助系统设计

7.1 初始设置

由前面的基础知识可知，在开始散热盖模具设计时，首先要进行一些初始的设置，包括装载产品并初始化、收缩率设置、定义成型工件、定义布局、创建扩展面等工作。

7.1.1 装载产品并初始化

01 装载产品和初始化。

❶单击【注塑模向导】选项卡中的【项目初始化】按钮 ，在【打开】对话框中选光盘目录:7\ ex1.prt，如图 7-1 所示。

图 7-1 【打开】对话框

❷在随即弹出的如图 7-2 所示的【初始化项目】对话框中，设置【项目单位】为毫米；【材料】为尼龙，【Name】为 ex1。单击【确定】按钮，完成初始化。

02 检查项目结构。单击【装配导航器】图标 ，观察刚生成的各个节点状况，如图 7-3 所示。加载产品模型的结果如图 7-4 所示。

03 定位模具坐标系。

❶单击【注塑模向导】选项卡【主要】面板上的【模具坐标系】按钮 ，弹出图 7-5 所示的【模具 CSYS】对话框。选择模具坐标系位置为产品方块体的中心和锁定 Z 值。

❷单击【确定】按钮，完成模具坐标系的创建。

图 7-2 【初始化项目】对话框

图 7-3 产品装载

图 7-4 产品模型

图 7-5 【模具 CSYS】对话框

7.1.2 设置收缩率

01 单击【注塑模向导】选项卡【主要】面板上的【收缩】按钮，弹出【缩放体】对话框，如图 7-6 所示。

02 选择【均匀】类型，在【比例因子】中的【均匀】里设置收缩率为 1.005。

03 单击【确定】按钮，完成收缩率的设置。

图 7-6　【缩放体】对话框

7.1.3　定义成型工件

01 单击【注塑模向导】选项卡【主要】面板上的【工件】按钮，弹出【工件】对话框，在定义类型下拉列表中选择【参考点】，设置 X、Y、Z 的长度尺寸，如图 7-7 所示。

02 单击【确定】按钮，视图区加载成型工件，如图 7-8 所示。

轴	负的	正的	总计
X	75.0000	75.0000	150.0000
Y	50.0000	50.0000	100.0000
Z	36.0000	36.0000	72.0000

Product Maximum Size:
X = 100.500　Y = 40.200
Z_down = -9.969　Z_up = 4.020

图 7-7　【工件】对话框

图 7-8　成型工件结果

7.1.4　定义布局

01　单击【注塑模向导】选项卡【主要】面板上的【型腔布局】按钮，弹出图7-9所示的【型腔布局】对话框，选择【矩形】类型和【平衡】选项，型腔数设置为2，选择-YC轴为布局方向。

02　单击【开始布局】按钮，布局结果如图7-10所示。

03　单击【型腔布局】对话框的【自动对准中心】按钮，该多腔模的几何中心移动到 layout 子装配的绝对坐标（ACS）的原点上，如图7-11所示。

图 7-9　【型腔布局】对话框

图 7-10　布局结果

图 7-11　自动对准中心

7.2　分型设计

在分型设计里面首先完成产品模型的修补工作，然后进行分型线和分型面的设计，最后生成型芯和型腔。

7.2.1　产品补片修补

01　单击【注塑模向导】选项卡【分型刀具】面板上的【曲面补片】按钮，在弹出的图7-12所示的【边修补】对话框中选中【面】类型，选择图7-13所示的面。

选择面

图 7-12 【边修补】对话框

图 7-13 选择面

02 自动选择如图 7-14 所示的环，单击【确定】按钮，生成曲面补片如图 7-15 所示。

自动选择环

图 7-14 自动选择环

图 7-15 修补曲面

7.2.2 创建分型线

01 单击【注塑模向导】选项卡【分型刀具】面板上的【设计分型面】按钮，弹出图 7-16 所示的【设计分型面】对话框。

02 单击【编辑分型线】选项组中的【选择分型线】，选择图 7-17 所示的边线。单击【确定】按钮，生成的分型线如图 7-17 所示。

7.2.3 创建分型面

01 单击【注塑模向导】选项卡【分型刀具】面板上的【设计分型面】按钮，弹出图 7-16 所示的【设计分型面】对话框。

02 在创建分型面栏中单击【扩大的曲面】按钮，取消【调整所有方向的大小】复选框，通过拖动滑块改变扩大曲面的尺寸，如图 7-18 所示，使得片体的尺寸大于成型工件的尺寸。单击【确定】按钮，完成片体的创建，如图 7-19 所示。

图 7-16 【设计分型面】对话框 　　　　　图 7-17 生成分型线

图 7-18 拖动扩大曲面 　　　　　　　图 7-19 扩大曲面

7.2.4 设计区域

01 单击【注塑模向导】选项卡【分型刀具】面板上的【检查区域】按钮，在弹出的【检查区域】对话框里选择脱模方向为 ZC 轴，单击【计算】按钮，如图 7-20 所示。

02 选择【区域】选项卡，显示有 28 个未定义的区域，如图 7-21 所示，在视图中选择散热盖四周的区域的型腔区域，将剩余为定义的面定义为型芯区域，单击【应用】按钮，可以看到型腔面（26）与型芯面（50）的和等于总面数（76）。

7.2.5 定义区域

01 单击【注塑模向导】选项卡【分型刀具】面板上的【定义区域】按钮，如图 7-22 所示，在弹出的【定义区域】对话框里，选择【所有面】选项。

02 勾选【创建区域】复选框，单击【确定】按钮，完成型芯和型腔区域的定义。

图 7-20 【检查区域】对话框

图 7-21 【区域】选项卡

7.2.6 创建型芯和型腔

01 单击【注塑模向导】选项卡【分型刀具】面板上的【定义型芯和型腔】按钮 ，弹出【定义型腔和型芯】对话框，如图 7-23 所示。选择【所有区域】选项，单击【确定】按钮，系统自动完成一系列的动作来创建型芯和型腔。创建的型芯如图 7-24 所示。

图 7-22 【定义区域】对话框

图 7-23 【定义型腔和型芯】对话框

02 选择【文件】→【保存】→【全部保存】命令，保存全部零件。

03 单击【视图】选项卡【窗口】→【ex1_top】窗口。图 7-25 所示为已经创建了型芯和型腔的成型工件。

图 7-24　模具型芯

图 7-25　创建了型芯和型腔的成型工件

7.3　辅助系统设计

在完成分型设计后，为了完成完整的模具设计，需要设计一些辅助系统，包括模架设计、滑块设计、顶杆设计、浇注系统设计、创建腔体、电极设计等工作。

7.3.1　加入模架

01 单击【注塑模向导】选项卡【主要】面板上的【模架库】按钮，弹出图 7-26 所示的【重用库】对话框和【模架库】对话框，在【名称】列表中选择 DME，在【成员选择】列表中选择 2A，在【详细信息】栏中设置 AP_h 为 36、BP_h 为 36。

02 单击【确定】按钮，Mold Wizard 在视图区创建的模架如图 7-27 所示。切换模架到前视图，如图 7-28 所示，注意观察装配体各个线条的意义，尤其是成型工件、分型面，以及产品模型在装配体中的位置。

图 7-26　【重用库】对话框和【模架库】对话框

图 7-27　模架轴测图

完成了模架设计后，便可进入模具系统的标准件设计阶段。通过调用、放置和编修 Mold Wizard 的标准件系统设计相关零件。这里涉及的标准件有滑块、顶杆、浇注系统，最后进行腔体的创建工作。

7.3.2 滑块设计

01 创建滑块头。

❶ 单击【视图】选项卡【窗口】→【ex1_parting】窗口,选择【菜单】→【格式】→【图层设置】命令，在弹出的【图层设置】对话框里面设置第 10 层为工作层。

❷ 单击【注塑模向导】选项卡【注塑模工具】面板上的【创建方块】按钮，弹出【创建方块】对话框，如图 7-29 所示。选中图 7-30 所示的倒钩的外侧面，并将【间隙】设置为 5mm。单击【确定】按钮，创建方块。

图 7-28　模架前视图

图 7-29　【创建方块】对话框

❸ 单击【主页】选择卡【同步建模】面板上的【替换面】按钮，弹出【替换面】对话框，如图 7-31 所示。分别选择创建的方块侧面为要替换的面，选择图 7-31 所示的 5 个平面为替换面。其中，1 为倒钩的两个侧面，2 为倒钩的上端面，3 为产品模型的下底面，4 为倒钩的内外侧面。替换后的结果如图 7-32 所示。

图 7-30　选择外侧面

图 7-31　替换面

❹单击【视图】选项卡【窗口】→【ex1_prod_003】窗口，以 ex1_prod_003 作为显示零部件。选择【菜单】→【格式】→【图层设置】命令，在弹出的【图层设置】对话框里面设置第 10 层为工作层。显示的产品和型芯如图 7-33 所示。

02 为加入滑块变换 WCS。

❶选择【菜单】→【格式】→【WCS】→【原点】命令，弹出图 7-34 所示的【点】对话框。用自动判断的点选中滑块头的下边缘线。单击【确定】按钮，完成坐标原点的调整。调整后的结果如图 7-35 所示。

图 7-32　替换结果

图 7-33　产品和型芯

图 7-34　【点】对话框

图 7-35　第一次坐标调整

❷选择【菜单】→【分析】→【测量距离】命令，测量滑块头侧面到成型工件的距离为 25.755，选择【格式】→【WCS】→【原点】命令，弹出图 7-36 所示的【点】对话框，输入 X 值为 25.755，单击【确定】按钮，再次移动 WCS，结果如图 7-37 所示。

❸选择【菜单】→【格式】→【WCS】→【旋转】命令，弹出图 7-38 所示的【旋转 WCS】对话框。选中【+ZC 轴：XC→YC】选项，输入角度为 90。单击【确定】按钮，完成 WCS 的旋转，如图 7-39 所示。

03 加入滑块。

❶单击【注塑模向导】选项卡【主要】面板上的【滑块和浮升销库】按钮，弹出【重用库】对话框和【滑块和浮升销设计】对话框，在【名称】中选择【SLIDE_LIFT】→【Slide】，在【成员选择】中选择 Push-Pull Slide，在【详细信息】栏中设置 wide 为 25、slide_top 为 6，如图 7-40 所示。注意，需要按下回车键输入。注意对话框里面位图区域所示的滑块

结构图，以及坐标系的原点的位置，Y+指向滑块头的方向。

图 7-36　【点】对话框

图 7-37　第二次坐标调整

图 7-38　【旋转 WCS】对话框

图 7-39　第三次坐标调整

图 7-40　【重用库】对话框和【滑块和浮升销设计】对话框

❷单击【确定】按钮，添加滑块的结果如图 7-41 所示。

图 7-41　添加滑块的结果

04 链接滑块。

❶选择【菜单】→【格式】→【图层设置】命令，在弹出的【图层设置】对话框里面，使得第 10 层（成型工件）可见，设置第 1 层为工作层。

❷以 ex1_prod_003 作为显示零部件，并把型芯转为工作部件。这些通过单击【装配导航】图标来 ⊡ 实现。

❸选择【菜单】→【插入】→【关联复制】→【WAVE 几何链接器】命令，弹出图 7-42 所示的【WAVE 几何链接器】对话框。选择【体】类型，并选中图 7-43 所示的滑块部件的滑块体部分，单击【确定】按钮，创建滑块体到目前的工作零件的几何链接体，即型芯。同理，链接之前创建的滑块头。

图 7-42　【WAVE 几何链接器】对话框

图 7-43　选择滑块体

05 连接滑块体和滑块头。

❶单击【主页】选项卡【特征】面板上的【拉伸】按钮 ▦ ，弹出 7-44 所示的【拉伸】对话框。以滑块体的端面为起始，结束为【直至延伸部分】，如图 7-45 所示。单击【确定】按钮，完成过渡实体的创建。

❷单击【主页】选项卡【特征】面板上【更多】库下的【偏置面】按钮 ▦ ，在弹出的【偏置面】对话框中输入偏置为-15mm，如图 7-46 所示。单击【确定】按钮，完成偏置。

图 7-44 【拉伸】对话框

图 7-45 选择截面和延伸面

图 7-46 【偏置面】对话框

❸单击【主页】选项卡【特征】面板上的【合并】按钮 ，在弹出的【合并】对话框里面选择该拉伸实体和滑块头，将两者布尔求和，然后再和滑块部件的滑块体求和，结果如图 7-47 所示。

06 用同样的方法，创建另一个滑块，结果如图 7-48 所示。

图 7-47 过渡实体和滑块头

图 7-48 两个滑块装配

7.3.3 顶杆设计

01 单击【注塑模向导】选项卡【主要】面板上的【标准件库】按钮，在弹出的【重用库】对话框【名称】中选择【FUTABA_MM】→【Ejector Pin】，在【成员选择】中选择【Ejector Pin Straight】，在【标准件管理】对话框的【详细信息】中设置 CATALOG_DIA 为 2、CATALOG_LENGTH 为 100，如图 7-49 所示。

图 7-49 【重用库】对话框和【标准件管理】对话框

02 单击【应用】按钮，弹出【点】对话框，选择如图 7-50 所示的凸缘直边的端点作为加载点，加载顶杆。加载后的 8 个顶杆如图 7-51 所示。

图 7-50 拾取点

03 单击【注塑模向导】选项卡【主要】面板上的【顶杆后处理】按钮 ，弹出图 7-52 所示的【顶杆后处理】对话框，在目标列表中选择已经创建的顶杆。

04 接受默认的修边曲面，即型芯修剪片体（CORE_TRIM_SHEET），如图 7-52 所示。

05 单击【确定】按钮，完成顶杆的修剪，结果如图 7-53 所示。

图 7-51 添加的顶杆

图 7-52 【顶杆后处理】对话框

图 7-53 顶杆修剪的结果

7.3.4 浇注系统设计

01 定位环设计。

❶单击【注塑模向导】选项卡【主要】面板上的【标准件库】按钮 ，弹出【重用库】对话框和【标准件管理】对话框。

❷在【名称】中选择【HASCO_MM】→【Locating Ring】，在【成员选择】中选择【K100[Locating_Ring]】，在【详细信息】栏中设置【TYPE】为2、【h1】为8、【d1】为90、【d2】为36，如图 7-54 所示。

❸单击【确定】按钮，生成定位环，如图 7-55 所示。

图 7-54　【重用库】对话框和【标准件管理】对话框

图 7-55　生成定位环

02 浇口套设计。

❶单击【注塑模向导】选项卡【主要】面板上的【标准件库】按钮，在【重用库】对话框的【名称】中选择【FUTABA_MM】→【Sprue Bushing】，在【成员选择】中选择【Sprue Bushing】，如图 7-56 所示。

❷在详细信息栏中修改 CATALOG_LENGTH=60，重新设计浇口衬套的长度。其长度值由测量并估计得出，最后的结果如图 7-57 所示。

图 7-56　【重用库】对话框和【标准件管理】对话框

图 7-57　添加浇口套

03 浇口设计。

❶单击【注塑模向导】选项卡【主要】面板上的【浇口库】按钮，弹出图 7-58 所示的【浇口设计】对话框。设置为平衡浇口，位置位于型腔；选择 tunnel 类型的浇口。

❷单击【浇口点表示】按钮，弹出图 7-59 所示的【浇口点】对话框，单击【曲线上的点】按钮。在弹出图 7-60 所示的【曲线选择】对话框，选择产品模型靠近 WCS 原点的下底面的边缘曲线，作为点的附着曲线。

图 7-58 【浇口设计】对话框　　　图 7-59 【浇口点】对话框　　　图 7-60 【曲线选择】对话框

❸在弹出图 7-61 所示的【在曲线上移动点】对话框，选中图示曲线，并在【弧长百分比】中输入数值 50，单击【确定】按钮，Mold Wizard 创建了一个点作为浇口点在图中箭头位置。

图 7-61 【在曲线上移动点】对话框

❹在【浇口设计】对话框中单击【应用】按钮，弹出【点】对话框，选中上一步骤创建的点，弹出【矢量】对话框，选择 YC 方向，单击【应用】按钮，则创建浇口如图 7-62 所示。

❺注意在【浇口设计】对话框里面，刚才接受浇口的默认值，并且 OFFSET=0。这里再次改动，设置为 d=1，OFFSET=1，B=5，此时浇口进入模型，使得浇口可靠工作，如图 7-63 所示。

图 7-62　创建浇口

图 7-63　浇口修改参数

04 流道设计。

❶单击【注塑模向导】选项卡【主要】面板上的【流道】按钮，弹出【流道】对话框。如图 7-64 所示。

❷单击【绘制截面】按钮，弹出【创建草图】对话框，选择平面方法为【创建平面】，在指定下拉列表中选择【XC-YC】平面，单击【确定】按钮，进入草图绘制环境。

❸绘制图 7-65 所示的草图，单击【完成草图】按钮，完成草图绘制。

图 7-64　流道引导线定义

图 7-65　绘制草图

❹ 在【流道】对话框里面选择圆形截面形状通道作为分流道的截面形状，并且设置 D=8，如图 7-64 所示。单击【确定】按钮，创建流道结果如图 7-66 所示。

图 7-66　创建流道结果

7.3.5　创建腔体

01 单击【注塑模向导】选项卡【主要】面板上的【腔体】按钮 ，弹出图 7-67 所示的【腔体】对话框。

02 选择模具的型芯和型腔作为目标体，选择加载的顶杆、浇注系统零件和滑块零件作为工具体。单击【确定】按钮，完成建立腔体的工作。独立显示的型芯如图 7-68 所示。

03 选择【文件】→【保存】→【全部保存】命令，保存全部零件。

图 7-67　【腔体】对话框

图 7-68　型芯

第 **8** 章

典型多腔模模具设计——充电器

本章实例塑件尺寸较小，而且生产批量较大，所以采用了一出八的模具结构，并使用模具工具对塑件产品进行了修补，然后进行分型设计。这里使用自动搜索分型线的方法，可以有效地确定产品的分型线。

- 初始设置
- 分型设计
- 辅助系统设计

8.1　初始设置

由前面的基础知识可知，在开始充电器座模具设计时，首先要进行一些初始的设置，包括装载产品并初始化、收缩率设置、定义成型工件、定义布局、创建扩展面等工作。

8.1.1　装载产品并初始化

01 装载产品和初始化。

❶单击【注塑模向导】选项卡中的【项目初始化】按钮，在【打开】对话框中选光盘目录:\ 8 \ex2.prt。

❷弹出图 8-1 所示的【初始化项目】对话框，设置【项目单位】为毫米；【Name】为ex2；【材料】为尼龙。单击【确定】按钮，完成初始化。

02 检查项目结构。单击【装配导航】图标，观察刚生成的各个节点状况，如图8-2 所示。加载产品模型的结果如图 8-3 所示。

图 8-1　【初始化项目】对话框

图 8-2　产品装载

03 定位模具坐标系。

❶单击【注塑模向导】选项卡【主要】面板上的【模具坐标系】按钮，弹出图 8-4所示的【模具 CSYS】对话框。选择锁定 Z 位置和产品实体中心。

❷单击【确定】按钮，完成模具坐标系的创建。

图 8-3　产品模型

图 8-4　【模具 CSYS】对话框

8.1.2　定义成型工件

01 单击【注塑模向导】选项卡【主要】面板上的【工件】按钮，弹出图 8-5 所示的【工件】对话框，在【定义类型】下拉列表中选择【参考点】，输入 X，Y，Z 轴方向的距离如图 8-5 所示。

02 单击【确定】按钮，视图区加载成型工件，如图 8-6 所示。

图 8-5　【工件】对话框

图 8-6　成型工件

8.1.3　定义布局

01 单击【注塑模向导】选项卡【主要】面板上的【型腔布局】按钮，弹出图 8-7 所示的【型腔布局】对话框，选【矩形】和【线性】选项，系统以矩形线性方式布局。

02 在图 8-7 所示对话框中，在【X 向型腔数】里面输入 2，【Y 向型腔数】里面输入 4，【X 距离】输入 0，【Y 距离】输入 0，单击【开始布局】按钮，启用自动布局。

03 单击【型腔布局】对话框的【自动对准中心】按钮⊞，该多腔模的几何中心移动到 layout 子装配的绝对坐标（ACS）的原点上，如图 8-8 所示。

04 单击【关闭】按钮，退出【型腔布局】对话框。

图 8-7　【型腔布局】对话框

图 8-8　对准中心布局

8.2　分型设计

在分型设计里面首先完成产品模型的修补工作，然后进行分型线和分型面的设计，最后生成型芯和型腔。

8.2.1　边缘补片修补

01 单击【注塑模向导】选项卡【分型工具】面板上的【曲面补片】按钮◈，弹出图 8-9 所示的【边修补】对话框，在环选择类型中选择【移刀】，取消【按面的颜色遍历】复选框的勾选，如图 8-9 所示。选择图 8-10 所示的修补边界。

02 单击【应用】按钮，创建边界修补。同理，创建另一个边界修补，结果如图 8-11 所示。

03 在【边修补】对话框的环选择类型中选择【面】，选择图 8-12 所示的面，单击【确定】按钮，修补曲面，如图 8-13 所示。

图 8-9 【边修补】对话框

图 8-10 选择修补边界

图 8-11 修补边界

图 8-12 选择面

图 8-13 模型修补

8.2.2 曲面补片

01 单击【注塑模向导】选项卡【注塑模工具】面板上的【创建方块】按钮，弹出【创建方块】对话框，如图 8-14 所示。选中图 8-15 所示的两侧面，设置【间隙】为 1mm。单击【确定】按钮，创建方块。

02 单击【注塑模向导】选项卡【注塑模工具】面板上的【分割实体】按钮，弹出【分割实体】对话框。在类型下拉列表中选择【修剪】，选择创建的方块作为目标体，选择 4 个平面修剪方块。分割后的实体如图 8-16 所示。

图 8-14　【创建方块】对话框　　　　图 8-15　创建方块　　　　图 8-16　分割实体

03 单击【注塑模向导】选项卡【注塑模工具】面板上的【实体补片】按钮，弹出【实体补片】对话框，如图 8-17 所示。选中充电器和上步创建的方块。单击【确定】按钮，完成的实体补片如图 8-18 所示。

图 8-17　【实体补片】对话框　　　　　　　图 8-18　实体补片

8.2.3　创建分型线

01 单击【注塑模向导】选项卡【分型刀具】面板上的【设计分型面】按钮，弹出图 8-19 所示的【设计分型面】对话框。

02 单击编辑分型线栏中的选择分型线，在视图上选择实体的底面边线，单击【确定】按钮，系统自动生成图 8-20 所示的分型线。

图 8-19　【设计分型面】对话框　　　　　　　　图 8-20　创建分型线

📖8.2.4　创建分型面

01 单击【注塑模向导】选项卡【分型刀具】面板上的【设计分型面】按钮🢒，弹出图 8-21 所示的【设计分型面】对话框。

02 在创建分型面栏中选中【有界平面】选项▣，自动选择分型线作为母线，单击【确定】按钮创建分型面，结果如图 8-22 所示。

图 8-21　【设计分型面】对话框　　　　　　　　图 8-22　创建分型面

8.2.5 设计区域

01 单击【注塑模向导】选项卡【分型刀具】面板上的【检查区域】按钮，弹出图 8-23 所示的【检查区域】对话框，选择【保持现有的】选项，选择脱模方向为 ZC 轴，单击【计算】按钮。

02 选择【区域】选项卡，显示有 6 个未定义的区域，如图 8-24 所示，将未定义的面定义为型芯区域，单击【确定】按钮，可以看到型腔面（54）与型芯面（61）的和等于总面数（115）。

图 8-23 【检查区域】对话框

图 8-24 【区域】选项卡

8.2.6 抽取区域

01 单击【注塑模向导】选项卡【分型刀具】面板上的【定义区域】按钮，弹出图 8-25 所示的【定义区域】对话框。

02 选择【所有面】选项，勾选【创建区域】复选框。

03 单击【确定】按钮，完成型芯和型腔的抽取。

8.2.7 创建型芯和型腔

01 单击【注塑模向导】选项卡【分型刀具】面板上的【定义型芯和型腔】按钮，弹出图 8-26 所示的【定义型腔和型芯】对话框。

02 选择【所有区域】选项，单击【确定】按钮，接受上步创建的片体并接受方向。

创建的型芯和型腔如图 8-27 所示。

图 8-25 【定义区域】对话框

图 8-26 【定义型腔和型芯】对话框

图 8-27 型芯和型腔

8.3 辅助系统设计

在完成分型设计后，为了完成完整的模具设计，需要设计一些辅助系统，包括模架设计、顶杆设计、浇注系统设计、创建腔体等工作。

8.3.1 加入模架

01 单击【注塑模向导】选项卡【主要】面板上的【模架库】按钮，弹出【重用库】对话框和【模架库】对话框，在【名称】列表中选择 HASCO_E 模架，在【成员选择】列表中选择 Type1（F2M2），在【详细信息】列表中设置 index 为 346×796，如图 8-28 所示。

02 单击【应用】按钮，结果如图 8-29 所示。

03 在对话框的【详细信息】列表中将厚度参数 AP_h 调整为 76，如图 8-30 所示。单击【确定】按钮，调整后的上模板如图 8-31 所示。

图 8-28　【重用库】对话框和【模架库】对话框

图 8-29　加入模架

图 8-30　编辑上模板参数

图 8-31　调整后的上模板

8.3.2　顶杆设计

01　单击【注塑模向导】选项卡【主要】面板上的【标准件库】按钮，在弹出的【重用库】对话框的【名称】中选择【DME_MM】→【Ejection】，在【成员选择】中选择【Ejector Sleeve Assy】。

02　在【标准件管理】对话框的【详细信息】栏中将 PIN_CATALOG_DIA 调整为 2mm，PIN_CATALOG_LENGTH 的长度调整为 160mm，SLEEVE_CATALOG_LENGTH 的长度调整为 200mm，如图 8-32 所示。

03　单击【应用】按钮，弹出图 8-33 所示的【点】对话框，设置在点（-70，-225，0）放置顶杆。添加的 8 个顶杆如图 8-34 所示。

04　单击【注塑模向导】选项卡【主要】面板上的【顶杆后处理】按钮，弹出图 8-35 所示的【顶杆后处理】对话框。选择【调整长度】类型，在目标栏的列表中选择已经创建的待处理的顶杆。

05　接受默认的修剪部件，即型芯修剪片体（CORE_TRIM_SHEET）。

06　单击【确定】按钮，完成顶杆的修剪。结果如图 8-36 所示。

图 8-32　【重用库】对话框和【标准件管理】对话框

图 8-33　【点】对话框

图 8-34　添加的 8 个顶杆

图 8-35　【顶杆后处理】对话框

图 8-36　顶杆修剪的结果

8.3.3 浇注系统设计

01 定位环设计。

❶单击【注塑模向导】选项卡【主要】面板上的【标准件库】按钮，弹出【重用库】对话框和【标准件管理】对话框，如图 8-37 所示。

图 8-37 【重用库】对话框和【标准件管理】对话框

❷在【重用库】对话框的【名称】中选择【HASCO_MM】→【 Locating Ring】，在【成员选择】中选择【K100[Locating_Ring]】，在【标准件管理】对话框的【详细信息】中设置 d1 为 100、h1 为 8，如图 8-37 所示。

❸单击【确定】按钮，生成定位环，如图 8-38 所示。

图 8-38 完成定位环

02 浇口套设计。

❶单击【注塑模向导】选项卡【主要】面板上的【标准件库】按钮，弹出【重用库】对话框和【标准件管理】对话框，如图 8-39 所示。

❷在【重用库】对话框的【名称】中选择【HASCO_MM】→【Injection】，在【成员选择】中选择【Z50[Spruce Bushing]】，在【标准件管理】对话框的【详细信息】栏中设定

d2 为 24、1 为 96。

❷单击【确定】按钮，完成浇口套的设计，结果如图 8-40 所示。

03 流道设计。

❶单击【注塑模向导】选项卡【主要】面板上的【流道】按钮 ，弹出图 8-41 所示的【流道】对话框。选择半圆形截面形状通道作为分流道的截面形状，并且设置 D 为 8。

图 8-39 【重用库】对话框和【标准件管理】对话框

浇口套

图 8-40 完成的浇口套

❷单击【绘制截面】按钮 ，弹出图 8-42 所示【创建草图】对话框，选择平面方法为【创建平面】，在指定平面下拉列表中选择【XC-YC】平面，单击【确定】按钮，进入草图绘制环境。

❸绘制图 8-43 所示的草图，单击【完成】按钮 ，完成草图绘制。

❹单击【确定】按钮，创建流道结果如图 8-44 所示。

04 浇口设计。

图 8-41 【流道】对话框

图 8-42 【创建草图】对话框

图 8-43 绘制草图

图 8-44 创建流道结果

❶单击【注塑模向导】选项卡【主要】面板上的【浇口库】按钮，弹出如图 8-45 所示的【浇口设计】对话框。设置为非平衡浇口，位置位于型腔。选择 step pin 类型的浇口。

❷单击【浇口点表示】按钮，弹出如图 8-46 所示的【浇口点】对话框，单击【曲线上的点】按钮，弹出如图 8-47 所示的【曲线选择】对话框，选择产品模型外缘曲线作为点的附着曲线。

❸弹出图 8-48 所示的【在曲线上移动点】对话框，选中图 8-49 所示的曲线，并在【弧长百分比】中输入数值 100，将点调整到与流道相近的一端。单击【确定】按钮，创建了一个点作为浇口点。

❹在【浇口设计】对话框中设置 BHT=8、BDIA=8，单击【应用】按钮，弹出【点】对

177

话框，单击已经存在的点，即选中上一步骤创建的点，弹出【矢量】对话框，选择 YC 方向，单击【确定】按钮，创建的浇口如图 8-50 所示。

图 8-45　【浇口设计】对话框

图 8-46　【浇口点】对话框

图 8-47　【曲线选择】对话框

❺同理，在分流道附近创建余下的 7 个浇口，结果如图 8-51 所示。

图 8-48　【在曲线上移动点】对话框

图 8-49　选择曲线

图 8-50　创建浇口

图 8-51　全部浇口

8.3.4 创建腔体

01 单击【注塑模向导】选项卡【主要】面板上的【腔体】按钮，弹出图 8-52 所示的【腔体】对话框。选择模具的型芯和型腔作为目标体，选择加载的顶杆、浇注系统零件和块零件作为刀具体。单击【确定】按钮，完成建立腔体的工作。独立显示的型芯如图 8-53 所示。

02 选择【文件】→【保存】→【全部保存】命令，保存全部零件。

图 8-52 【腔体】对话框

图 8-53 型芯

第 **9** 章

典型分型模具设计——播放器盖

本章实例塑件是一种典型的板孔类零件，即在基本上是平板壳体的零件表面开有若干通孔或者是凸起凹槽结构。设计流程遵循修补/分型基本思路，其分型线比较明晰，分型面位于最大截面处或者是底部端面。

○ 初始设置

○ 分型设计

○ 辅助系统设计

9.1 初始设置

在开始播放器盖模具设计时，首先要进行一些初始的设置，包括装载产品并初始化、定位模具坐标系的设置、定义成型工件、定义布局、创建扩展面等工作。

9.1.1 装载产品并初始化

01 装载产品和初始化。

❶单击【注塑模向导】选项卡中的【初始化项目】按钮，在【打开】对话框中选光盘目录:\9\ Ex3.prt，打开的原始零件模型如图9-1所示。

图9-1 原始零件模型　　　　图9-2 【初始化项目】对话框

❷在随即弹出的【初始化项目】对话框中进行初始化，如图9-2所示。设置【项目单位】为毫米；【项目名】为ex3；【材料】为Ps。单击【确定】按钮，完成初始化。

02 检查项目结构。单击【装配导航器】图标，观察刚生成的各个节点状况，如图9-3所示。加载产品模型的结果如图9-4所示。

图 9-3 产品装载

图 9-4 产品模型

9.1.2 定位模具坐标系

01 单击【注塑模向导】选项卡【主要】面板上的【模具坐标系】按钮，弹出图 9-5 所示的【模具 CSYS】对话框，选择产品实体中心和锁定 Z 位置。

02 单击【确定】按钮，完成模具坐标系的创建。

图 9-5 【模具 CSYS】对话框

9.1.3 定义成型工件

01 单击【注塑模向导】选项卡【主要】面板上的【工件】按钮，弹出图 9-6 所示的【工件】对话框，在定义类型列表中选择【参考点】，输入工件在 X、Y、Z 方向上的距离，如图 9-6 所示。

02 单击【确定】按钮，视图区加载成型工件，如图 9-7 所示。

9.1.4 定义布局

01 单击【注塑模向导】选项卡【主要】面板上的【型腔布局】按钮，弹出图 9-8 所示的【型腔布局】对话框，单击【自动对准中心】按钮。

02 布局结果如图 9-9 所示，几何中心移动到 layout 子装配的绝对坐标（ACS）的原点上，并保持 Z 坐标不变。

图 9-6　【工件】对话框

图 9-7　加载成型工件

图 9-8　【型腔布局】对话框

图 9-9　自动对准中心结果

9.2　分型设计

　　在分型设计里面首先完成产品模型的修补工作，然后进行分型线和分型面的设计，最后生成型芯和型腔。

9.2.1 产品补片修补

01 单击【注塑模向导】选项卡【注塑模工具】面板上的【曲面补片】按钮 ◈，弹出图 9-10 所示的【边修补】对话框，在环选择类型中选择【面】，在视图中选择图 9-11 所示的面，单击【应用】按钮，修补曲面。

图 9-10 【边修补】对话框

图 9-11 选择面

02 在【边修补】对话框的环选择类型中选择【移刀】，取消【按面的颜色遍历】复选框的勾选，如图 9-12 所示。选择图 9-13 所示的边缘，单击【应用】按钮，修补曲面。同理，创建另一个边界修补。

图 9-12 【边修补】对话框

图 9-13 选择边

03 在【边修补】对话框的环选择类型中选择【移刀】，取消【按面的颜色遍历】复选框的勾选，选择图9-14所示的边缘，单击【接受】按钮 ，将选中的边添加到环列表中，单击【应用】按钮，修补曲面。同理，创建另一个边界修补，如图9-15所示。

图 9-14 选择边缘　　　　　　　　　　　图 9-15 边界修补结果

9.2.2 创建分型线

01 单击【注塑模向导】选项卡【分型刀具】面板上的【设计分型面】按钮 ，弹出图9-16所示的【设计分型面】对话框，单击编辑分型线栏中的选择分型线，在视图上选择实体的底面边线，单击【应用】按钮，自动生成图9-17所示的分型线。

02 单击【设计分型面】对话框中的编辑分型段栏的选择分型或引导线，在图9-18中的两点处创建引导线，单击【确定】按钮，生成引导线，结果如图9-18所示。

图 9-16 【设计分型面】对话框　　　图 9-17 分型线　　　图 9-18 创建引导线

9.2.3 创建分型面

01 单击【注塑模向导】选项卡【分型刀具】面板上的【设计分型面】按钮，
弹出【设计分型面】对话框，在其分型段列表中选择分段 1，如图 9-19 所示。在创建分型面栏中选中【有界平面】选项，拖动如图 9-19 所示的控制滑动块，使得有界平面的尺寸大于成型工件。单击【应用】按钮，创建分型面的结果如图 9-20 所示。

图 9-19　选择分段 1　　　　　　　　　　图 9-20　创建分型面 1

02 在【设计分型面】对话框的分型段列表中选择分段 2，在创建分型面栏中选中【拉伸】选项，按引导线创建分型面，拖动箭头调整拉伸距离，如图 9-21 所示，单击【确定】按钮创建分型面片段，如图 9-22 所示。

图 9-21　选择分段 2　　　　　　　　　　图 9-22　创建分型面 2

9.2.4 设计区域

01 单击【注塑模向导】选项卡【分型刀具】面板上的【检查区域】按钮，在弹出的图 9-23 所示的【检查区域】对话框里选中【保持现有的】选项，选择脱模方向为

ZC 轴，单击【计算】按钮 。

02 选择【区域】选项卡，显示有 23 个未定义的区域，如图 9-24 所示。在视图中选择播放器中的外边面，定义为型腔区域，将剩余未定义的面定义为型芯区域。单击【确定】按钮，可以看到型腔面（59）与型芯面（124）的和等于总面数（183）。

图 9-23　【检查区域】对话框

图 9-24　【区域】选项卡

9.2.5　定义区域

01 单击【注塑模向导】选项卡【分型刀具】面板上的【定义区域】按钮 ，弹出图 9-25 所示的【定义区域】对话框，选择【所有面】选项。

02 勾选【创建区域】复选框，单击【确定】按钮，完成型芯和型腔的抽取。

图 9-25　【定义区域】对话框

187

9.2.6 创建型芯和型腔

01 单击【注塑模向导】选项卡【分型刀具】面板上的【定义型芯和型腔】按钮，弹出【定义型芯和型腔】对话框。选择【所有区域】按钮，单击【确定】按钮。

02 创建的型芯和型腔如图 9-26 所示。

图 9-26　型芯和型腔

03 选择【文件】→【保存】→【全部保存】命令，保存全部零件。

9.3　辅助系统设计

在完成分型设计后，为了完成完整的模具设计，需要设计一些辅助系统，包括模架设计、添加标准件、添加浇口、添加冷却管路和创建腔体等工作。

9.3.1　加入模架

01 单击【注塑模向导】选项卡【主要】面板上的【模架库】按钮，弹出图 9-27 所示的【重用库】对话框和【模架库】对话框，在【名称】列表中选择 HASCO_E，在【成员选择】列表中选择 Type1（F2M2），在【详细信息】中设置 index 为 246×346。

02 单击【应用】按钮，可看到模架的上下模板厚度与成型工件的厚度尺寸不匹配。

03 在对话框的【详细信息】列表中更改 AP_h 为 46 作为上模板的厚度值。在 BP_h 下拉菜单里面选择 46 作为下模板的厚度值，如图 9-28 所示。单击【应用】按钮。

图 9-27　【重用库】对话框和【模架库】对话框　　　　图 9-28　编辑上、下模板尺寸

04 在对话框中单击"旋转模架"按钮 ，单击【确定】按钮，旋转模架，结果如图 9-29 所示。

图 9-29　旋转模架

9.3.2　添加标准件

01 定位环设计。

❶单击【注塑模向导】选项卡【主要】面板上的【标准件库】按钮 ，弹出【重用库】对话框和【标准件管理】对话框。

❷在【重用库】对话框的【名称】中选择【HASCO_MM】→【Locating Ring】，在【成员选择】中选择【K505[Locating_Ring]】，在【标准件管理】对话框的【详细信息】中将 d1 设置为 90，如图 9-30 所示。

图 9-30　【重用库】对话框和【标准件管理】对话框

❸单击【确定】按钮，完成定位环零件的添加过程，结果如图9-31所示。

定位环

图 9-31　添加定位环

02 浇口套设计。

❶单击【注塑模向导】选项卡【主要】面板上的【标准件库】按钮，弹出【重用库】对话框和【标准件管理】对话框。

❷在【重用库】对话框的【名称】中选择【HASCO_MM】→【Injection】，在【成员选择】中选择【Z50[Spruce Bushing body]】，在【标准件管理】对话框的【详细信息】栏中设置为d2为18，1为46，如图9-32所示。

图 9-32　【重用库】对话框和【标准件管理】对话框

❸单击【确定】按钮，完成浇口套的添加过程，结果如图 9-33 所示。

图 9-33 添加浇口套

03 添加顶杆。

❶单击【注塑模向导】选项卡【主要】面板上的【标准件库】按钮，在弹出的【重用库】对话框的【名称】中选择【DME_MM】→【Ejection】，在【成员选择】中选择【Ejector Pin (Shouldered)】。在【标准件管理】对话框的【详细信息】栏中设置 CATALOG_DIA 为 1，CATALOG_LENGTH 为 125，HEAD_TYPE 为 1，如图 9-34 所示。

图 9-34 【重用库】对话框【标准件管理】对话框

❷单击【应用】按钮，弹出如图 9-35 所示的【点】对话框，设置在点（-35,35,0）和点（35,-35,0）放置顶杆。添加后的 2 个顶杆如图 9-36 所示。

图 9-35 【点】对话框　　　　　　　　　　图 9-36 添加的顶杆

04 顶杆后处理。

❶单击【注塑模向导】选项卡【主要】面板上的【顶杆后处理】按钮，弹出图 9-37 所示的【顶杆后处理】对话框。选择【调整长度】类型，在目标栏的列表中选择已经创建的待处理的顶杆。

❷在【工具】栏中接受默认的【修边部件】。接受默认的【修边曲面】，即型芯修剪片体（CORE_ TRIM_SHEET）。

❸单击【确定】按钮，完成顶杆的修剪。结果如图 9-38 所示。

图 9-37 【顶杆后处理】对话框　　　　　　图 9-38 顶杆修剪的结果

9.3.3 添加浇口

01 单击【注塑模向导】选项卡【主要】面板上的【浇口库】按钮，弹出图 9-39 所示的【浇口设计】对话框。设置为平衡浇口，位置位于型芯。选择 pin point 类型的浇口。另外，设置 d1=1.2，d2=3，BHT=8。

02 单击【浇口点表示】按钮，弹出图 9-40 所示的【浇口点】对话框，单击【点在面上】按钮，选择产品模型内表面作为放置面。在弹出的【Point Move on Face】对话框里面，设置 X=0、Y=0，以及 Z=5，如图 9-41 所示。单击【确定】按钮，便创建了一个点作为浇口点。

图 9-39　【浇口设计】对话框　　　　　图 9-40　【浇口点】对话框

03 在【浇口设计】对话框单击【应用】按钮，弹出【点】对话框，单击已经存在的点，选中上一步骤创建的点，弹出【矢量】对话框，选择-ZC 方向，单击【确定】按钮，创建浇口的结果如图 9-42 所示。

图 9-41　【Point Move on Face】对话框　　　　图 9-42　创建浇口结果

9.3.4　创建腔体

01 单击【注塑模向导】选项卡【主要】面板上的【腔体】按钮，弹出图 9-43 所示的【腔体】对话框。选择【减去材料】模式，选择模具的型芯和型腔作为目标体，选择顶杆和浇注系统零件作为工具体。单击【确定】按钮，完成建立腔体的工作。

U G N X 10.0

图 9-43 【腔体】对话框

02 选择【文件】→【保存】→【全部保存】命令，保存全部零件。

第 **10** 章

典型多件模模具设计——上、下圆盘

本章实例通过上圆盘和下圆盘的模具设计过程，展示了一模两件的模具设计方法，这种方式可以较好的满足两个有配合要求零件的尺寸精度要求。这两个零件本身结构不算复杂，使用一般的设计方法就可以顺利的分型。

学 习 要 点

◎ 初始设置

◎ 分型设计

◎ 辅助系统设计

10.1　初始设置

由前面的基础知识可知，在开始上、下圆盘模具设计时，首先要进行一些初始的设置，包括装载产品并初始化、定义模具坐标系、定义成型工件和定义布局等工作。

10.1.1　装载产品并初始化

01 单击【注塑模向导】选项卡中的【项目初始化】按钮，在【打开部件文件】对话框中选光盘目录:\yuanwenjian\10\ Ex4-1.prt。

02 在弹出图10-1所示的【初始化项目】对话框进行初始化。设置【项目单位】为毫米;【Name】为ex4_1,【材料】为ABS。单击【确定】按钮，完成ex4-1.prt模型初始化。

03 单击【初始化项目】按钮，在【打开】对话框中选择 X:\ yuanwenjian \10\ex4-2.prt,弹出图10-2所示的【部件名管理】对话框。在新部件名里面输入 ex4_2,单击【确定】按钮，完成 ex4-2.prt 模型的初始化。完成操作以后，屏幕上同时出现了两个零件，如图10-3所示。

图 10-1　【初始化项目】对话框

图 10-2　【部件名管理】对话框

图 10-3　零件显示状态

10.1.2　定义模具坐标系

01　单击【注塑模向导】选项卡【主要】面板上的【多腔模设计】按钮，弹出图 10-4 所示的【多腔模设计】对话框。选择 ex4-1 零件进行位置定位。

02　选择【菜单】→【格式】→【WCS】→【动态】命令，选择坐标系 YC 箭头，在【距离】文本框中输入 120，如图 10-5 所示，按【Enter】键确认。

图 10-4　【多腔模设计】对话框　　　　图 10-5　移动模具坐标系

03　选择【菜单】→【格式】→【WCS】→【旋转】命令，弹出【旋转 WCS 绕】对话框，以+Y 轴为法向，+Z 轴向+X 轴旋转 180°，如图 10-6 所示。

04　单击【注塑模向导】选项卡【主要】面板上的【模具坐标系】按钮，弹出图 10-7 所示的【模具 CSYS】对话框，选择当前 WCS。单击【确定】按钮，完成 ex4-1 零件模具坐标系的创建，如图 10-8 所示。

图 10-6　【旋转 WCS 绕】对话框　　　　图 10-7　【模具 CSYS】对话框

图 10-8　ex4-1 零件模具坐标系

05　单击【注塑模向导】选项卡【主要】面板上的【多腔模设计】按钮，选择 ex4-2 零件进行位置定位。

06　选择【菜单】→【格式】→【WCS】→【动态】命令，选择坐标系 ZC 箭头，在【距离】文本框中输入-6.367，如图 10-9 所示。

07 单击【注塑模向导】选项卡【主要】面板上的【模具坐标系】按钮，弹出【模具 CSYS】对话框，选择当前 WCS。单击【确定】按钮，完成 ex4-2 零件模具坐标系的创建，如图 10-10 所示。

图 10-9 移动模具坐标系　　　　图 10-10 ex4-2 零件模具坐标系

10.1.3 定义成型工件

01 单击【注塑模向导】选项卡【主要】面板上的【多腔模设计】按钮，弹出【多腔模设计】对话框。选择 ex4-1 零件进行成型工件的设计。

02 单击【注塑模向导】选项卡【主要】面板上的【工件】按钮，弹出图 10-11 所示的【工件】对话框，在定义类型下拉列表中选择【参考点】，输入 X、Y、Z 方向的距离如图 10-11 所示。

03 单击【注塑模向导】选项卡【主要】面板上的【多腔模设计】按钮，选择 ex4-2 零件进行成型工件的设计。工件尺寸与 ex4-1 零件的相同。成型工件如图 10-12 所示。

图 10-11 【工件】对话框　　　　图 10-12 成型工件

10.1.4 定义布局

01 单击【注塑模向导】选项卡【主要】面板上的【型腔布局】按钮 ，弹出图 10-13 所示的【型腔布局】对话框，单击【变换】按钮 ，弹出图 10-14 所示的【变换】对话框，选择【点到点】选项。

图 10-13 【型腔布局】对话框   图 10-14 【变换】对话框

02 分别指定出发点和终止点，图 10-15 所示为选择【点 1】和【点 2】作为移动用的点，表明【ex4-1】零件的成型工件从【点 1】移动到【点 2】。注意，此时选择的零件为【ex4-1】进行成型工件的设计。单击【确定】按钮，进行零件的平移。

图 10-15 指定出发点和终止点

03 单击【型腔布局】对话框的【自动对准中心】按钮 ，该多腔模的几何中心移动到 layout 子装配的绝对坐标（ACS）的原点上，如图 10-16 所示。

图 10-16　自动对准中心

04 单击【关闭】按钮，退出【型腔布局】对话框。

10.2　上圆盘分型设计

在分型设计里面首先完成产品模型的修补工作，然后进行分型线和分型面的设计，最后生成型芯和型腔。

选择零件【ex4-1】进行分型设计。

10.2.1　曲面补片

01 单击【注塑模向导】选项卡【分型刀具】面板上的【曲面补片】按钮，弹出图 10-17 所示的【边修补】对话框，在环类型中选择【面】，在视图中选择图 10-18 所示的面。

图 10-17　【边修补】对话框　　　　　图 10-18　产品模型修补

02 单击【确定】按钮，创建的修补片体的结果如图 10-19 所示。

图 10-19　修补曲面

10.2.2　创建分型线

01 单击【注塑模向导】选项卡【分型刀具】面板上的【设计分型面】按钮，弹出图 10-20 所示的【设计分型面】对话框。单击【编辑分型线】栏中的【选择分型线】。

02 在视图上选择图 10-21 所示的零件的外边缘边线，单击【确定】按钮，自动生成图 10-22 所示的分型线。

图 10-20　【设计分型面】对话框　　图 10-21　选择边缘线　　图 10-22　分型线

10.2.3　创建分型面

01 单击【注塑模向导】选项卡【分型刀具】面板上的【设计分型面】按钮，弹出图 10-23 所示的【设计分型面】对话框。

02 选中【有界平面】按钮，自动选择分型线作为母线，单击【确定】按钮创建分型面，结果如图 10-24 所示。

10.2.4　设计区域

01 单击【注塑模向导】选项卡【分型刀具】面板上的【检查区域】按钮，在弹出图 10-25 所示的【检查区域】对话框里选择【保持现有的】选项，选择脱模方向为 -ZC 轴，单击【计算】按钮。

02 选择【区域】选项卡，显示有 9 个未定义的区域，如图 10-26 所示，在视图中选择上圆盘中的外边面，定义为型腔区域，将剩余为定义的面定义为型芯区域，单击【确定】按钮，可以看到型腔面（11）与型芯面（114）的和等于总面数（125）。

图 10-23　【设计分型面】对话框

图 10-24　分型面

10.2.5　定义区域

01 单击【注塑模向导】选项卡【分型刀具】面板上的【定义区域】按钮，弹出图 10-27 所示的【定义区域】对话框，选择【所有面】选项。

02 勾选【创建区域】复选框，单击【确定】按钮，完成型芯和型腔的抽取。

图 10-25　【检查区域】对话框

图 10-26　【区域】选项卡

图 10-27　【定义区域】对话框

10.2.6 创建型芯和型腔

01 单击【注塑模向导】选项卡【分型刀具】面板上的【定义型芯和型腔】按钮，弹出图 10-28 所示的【定义型芯和型腔】对话框。选择【所有区域】选项。

02 单击【确定】按钮，创建的模具型芯如图 10-29 所示。

图 10-28 【定义型腔和型芯】对话框

图 10-29 模具型芯

10.3 下圆盘分型设计

选择零件【ex4-2】进行分型设计。

10.3.1 曲面补片

01 单击【注塑模向导】选项卡【主要】面板上的【多腔模设计】按钮，在弹出的【多腔模设计】对话框里面选择零件【ex4-2】进行分型设计。

02 单击【注塑模向导】选项卡【注塑模工具】面板上的【曲面补片】按钮，弹出【边修补】对话框，在环选择类型中选择【移刀】，取消【按面的颜色遍历】复选框的勾选，选择图 10-30 所示的边缘。

03 单击【应用】按钮，创建的修补片体的结果如图 10-31 所示。

图 10-30 选择边

图 10-31 产品模型修补

04 依次选择产品模型的底面 4 个凸起圆柱的平面（如图 10-32 所示的箭头位置），

创建修补片体。

📖 10.3.2 创建分型线

01 单击【注塑模向导】选项卡【分型刀具】面板上的【设计分型面】按钮，弹出【设计分型面】对话框，单击【编辑分型线】栏中的【选择分型线】。

02 在视图上选择实体的底面边线，单击【确定】按钮，自动生成如图 10-33 所示的分型线。

图 10-32　选择边

图 10-33　分型线

📖 10.3.3 创建分型面

01 单击【注塑模向导】选项卡【分型刀具】面板上的【设计分型面】按钮，弹出【设计分型面】对话框。

02 选中【有界平面】选项，自动选择分型线作为母线，单击【确定】按钮创建分型面的结果如图 10-34 所示。

图 10-34　创建分型面

📖 10.3.4 设计区域

01 单击【注塑模向导】选项卡【分型刀具】面板上的【检查区域】按钮，弹出图 10-35 所示的【检查区域】对话框，选中【保持现有的】选项，选择脱模方向为 ZC 轴，单击【计算】按钮。

02 选择【区域】选项卡，如图 10-36 所示，显示有 5 个未定义的区域，将这 5 个未定义区域都定义为型腔区域。单击【确定】按钮，可以看到型腔面（13）与型芯面（17）的和等于总面数（30）。

图 10-35　【检查区域】对话框　　　　图 10-36　【区域】选项卡

📖10.3.5　定义区域

01 单击【注塑模向导】选项卡【分型刀具】面板上的【定义区域】按钮，弹出图 10-37 所示的【定义区域】对话框，选择【所有面】选项。

02 勾选【创建区域】复选框，单击【确定】按钮，完成型芯和型腔的抽取。

📖10.3.6　创建型芯和型腔

01 单击【注塑模向导】选项卡【分型刀具】面板上的【定义型芯和型腔】按钮，弹出【定义型芯和型腔】对话框，如图 10-38 所示。选择【所有区域】选项，单击【确定】按钮，系统会完成全部的分型。

02 创建的模具型芯如图 10-39 所示。

图 10-37　【定义区域】对话框　　图 10-38　【定义型腔和型芯】对话框　　图 10-39　模具型芯

10.4 辅助系统设计

在完成分型设计后，为了完成完整的模具设计，需要设计一些辅助系统，包括模架设计、浇注系统设计、镶块设计、顶杆设计等。

10.4.1 加入模架

❶单击【注塑模向导】选项卡【主要】面板上的【模架库】按钮 ，弹出【重用库】对话框和【模架库】对话框。

❷在【重用库】对话框的【名称】列表中选择 LKM_SG 模架，在【成员选择】列表中选择 A，在【模架库】的【详细信息】列表中选择 index 为 3545，然后分别将 AP_h 和 BP_h 参数设置为 70 和 80，其他参数按照默认值进行设置，如图 10-40 所示。

❸单击【确定】按钮，生成的模架如图 10-41 所示。

图 10-40　【重用库】对话框和【模架库】对话框

图 10-41　生成模架

10.4.2 浇注系统设计

01 定位环。

❶单击【注塑模向导】选项卡【主要】面板上的【标准部件库】按钮 ，弹出【重用库】对话框和【标准件管理】对话框。如图 10-42 所示。

❷在【重用库】对话框的【名称】中选择【FUTABA_MM】→【Locating Ring Interchangeable】，在【成员选择】中选择 Locating Ring，在【标准件管理】对话框的【详细信息】中设置 TYPE 为 M_LRB。

❸单击【确定】按钮，完成定位环零件的添加过程。结果如图 10-43 所示。

图 10-42 【重用库】对话框和【标准件管理】对话框　　　图 10-43 添加定位环

02 浇口套设计。

❶单击【注塑模向导】选项卡【主要】面板上的【标准部件库】按钮，弹出【重用库】和【标准件管理】对话框，如图 10-44 所示。

❷在【重用库】对话框的【名称】中选择【FUTABA_MM】→【Sprue Bushing】，在【成员选择】中选择 Sprue Bushing，在【标准件管理】对话框的【详细信息】栏中设置 CATALOG 为 M-SBA、catalog_length 为 100，其他采用默认设置。

❸单击【确定】按钮，完成主流道零件的添加过程。

03 分流道设计。

❶单击【注塑模向导】选项卡【主要】面板上的【流道】按钮，弹出图 10-45 所示的【流道】对话框。选择圆形截面形状通道作为分流道的截面形状。

❷单击【绘制截面】按钮，弹出图 10-46 所示【创建草图】对话框，选择平面方

法为【创建平面】，在指定平面下拉列表中选择【XC-YC】平面，单击【确定】按钮，进入草图绘制环境。

图 10-44　【重用库】对话框和【标准件管理】对话框

图 10-45　【流道】对话框

图 10-46　【创建草图】对话框

❸绘制图 10-47 所示的草图，单击【完成】按钮，完成草图绘制。

❹设置 D=8，单击【确定】按钮，创建流道结果如图 10-48 所示。

流道

图 10-47　绘制草图　　　　　　　　　　图 10-48　创建流道结果

04 浇口设计。

❶进行的是零件【ex4-2】的浇口设计工作。单击【注塑模向导】选项卡【主要】面板上的【浇口库】按钮 ，弹出图 10-49 所示的【浇口设计】对话框。设置为平衡浇口，位置位于型腔。选择扇形（fan）类型的浇口。按图示尺寸设计浇口的结构。

图 10-49　【浇口设计】对话框

❷单击【应用】按钮，弹出图 10-50 所示的【点】对话框，输入 Y=26，单击【确定】按钮，弹出图 10-51 所示的【矢量】对话框，选择 YC 轴作为矢量方向。单击【确定】按钮，添加的浇口如图 10-52 所示。

❸单击【注塑模向导】选项卡【主要】面板上的【多腔模设计】按钮 ，在弹出的【多腔模设计】对话框里面选择零件【ex4-1】进行分型设计。

图 10-50　【点】对话框　　　图 10-51　【矢量】对话框　　　图 10-52　添加浇口

❹ 单击【注塑模向导】选项卡【主要】面板上的【浇口库】按钮■，弹出如图 10-53 所示的【浇口设计】对话框。设置为平衡浇口，位置位于型腔；选择扇形（fan）类型的浇口。

❺ 单击【应用】按钮，弹出如图 10-54 所示的【点】对话框，输入 Y=-26，单击【确定】按钮，弹出图 10-55 所示的【矢量】对话框，选择-YC 轴作为矢量方向。单击【确定】按钮，创建零件【ex4-1】的浇口，如图 10-56 所示。

图 10-53　【浇口设计】对话框　　　　　　图 10-54　【点】对话框

图 10-55 【矢量】对话框

图 10-56 添加浇口

10.4.3 镶块设计

镶块用于型芯或型腔容易发生消耗的区域，也可用于简化型芯和型腔的加工工艺。本例使用标准件来插入镶块。

01 单击【注塑模向导】选项卡【主要】面板上的【多腔模设计】按钮，选择 ex4-2 零件进行镶块的添加操作。

02 单击【注塑模向导】选项卡【主要】面板上的【子镶块库】按钮，弹出【重用库】对话框和【子镶块设计】对话框，如图 10-57 所示。

图 10-57 【重用库】对话框和【子镶块设计】对话框

03 在【重用库】对话框的【成员选择】中选择 CAVITY_SUB_INSERT 类型的镶块。在【子镶块设计】对话框的【详细信息】栏中设置 SHAPE=ROUND、FOOT=ON，FOOT_OFFSET_1=3，X_LENGTH =10.5，Z_LENGTH=38。

04 单击【确定】按钮，弹出图 10-58 所示的【点】对话框。按图 10-59 所示，依次选择型腔的四个凸缘的圆柱面的圆心作为镶块的放置位置。放置四个镶块的结果如图 10-60 所示。

图 10-58 【点】对话框　　　　图 10-59 捕捉圆心　　　　图 10-60 创建镶块

05 单击【注塑模向导】选项卡【注塑模工具】面板上的【修边模具组件】按钮，弹出图 10-61 所示的【修边模具组件】对话框。选择 4 个已经创建的镶块为目标体。

06 在修边曲面下拉列表中选 CAVITY_TRIM_SHEET，如图 10-61 所示。注意修剪方向。

07 单击【确定】按钮，完成镶块的修剪，结果如图 10-62 所示。

图 10-61 【修边模具组件】对话框　　　　图 10-62 镶块修剪结果

10.4.4 顶杆设计

01 单击【注塑模向导】选项卡【主要】面板上的【标准部件库】按钮 ，在弹出的【重用库】对话框的【名称】中选择【FUTABA_MM】→【Ejector Pin】，在【成员选择】中选择【Ejector Pin Straigh[EJ, EH, EQ, EA]】。在弹出的【标准件管理】的详细信息栏中将 CATALOG_DIA 调整为 5mm，CATALOG_LENGTH 的长度调整为 250mm，如图 10-63 所示。

图 10-63 【重用库】对话框和【标准件管理】对话框

02 单击【应用】按钮，弹出图 10-64 所示的【点】对话框。设置在点（-11, 109.5, 0），（11, 109.5, 0），（-27, 93.5, 0），（27, 93.5, 0），（-27, 71.5, 0），（27, 71.5, 0），（-11, 55.5, 0）和（11, 55.5, 0）放置顶杆。加载后的 8 个顶杆如图 10-65 所示。

03 单击【注塑模向导】选项卡【主要】面板上的【顶杆后处理】按钮 ，弹出图 10-66 所示的【顶杆后处理】对话框。选择已经创建的顶杆为目标体。

04 接受默认的修边曲面，即型芯修剪片体（CORE_TRIM_SHEET）。单击【确定】按钮，完成顶杆的修剪，结果如图 10-67 所示。

05 单击【注塑模向导】选项卡【主要】面板上的【多腔模设计】按钮 ，选择 ex4-1 零件，进行顶杆的添加操作。

图 10-64 【点】对话框

图 10-65 加载顶杆

图 10-66 【顶杆后处理】对话框

图 10-67 顶杆修剪后的结果

06 单击【注塑模向导】选项卡【主要】面板上的【标准部件库】按钮，在弹出的【重用库】对话框的【名称】中选择【FUTABA_MM】→【Ejector Pin】，在【成员选择】中选择【Ejector Pin Straigh[EJ, EH, EQ, EA]】。在【标准件管理】对话框的【详细信息】栏中设置 CATALOG_DIA 为 2，CATALOG_LENGTH 为 250，如图 10-68 所示。

07 单击【确定】按钮，弹出【点】对话框。如图 10-69 所示，依次选择图示的四个箭头所指的圆心点作为放置顶杆的位置点。

图 10-68　【重用库】对话框和【标准件管理】对话框

图 10-69　定位顶杆

08 单击【注塑模向导】选项卡【主要】面板上的【顶杆后处理】按钮，弹出【顶杆后处理】对话框。选择已经创建的顶杆为目标体。

09 接受默认的修边曲面，即型芯修剪片体（CORE_TRIM_SHEET）。这里接受默认的型芯曲面用来修剪顶杆。单击【确定】按钮，完成顶杆的修剪，结果如图 10-70 所示。

图 10-70　修剪顶杆的结果

10.4.5　其他零件

由于本例含有两个零件，冷却设计较为繁琐，这里从略。有兴趣的读者可以参考其他零件的冷却设计进行本例的冷却设计。

01 添加回程弹簧。

❶调整零件显示和隐藏状态，使得工作区内显示图 10-71 所示的零部件状态。

❷单击【注塑模向导】选项卡【主要】面板上的【标准部件库】按钮，在弹出的【重用库】对话框的【名称】中选择【FUTABA-MM】→【Springs】，在【成员选择】中选择【springs［M-FSB］】，如图 10-72 所示。在【标准件管理】对话框的【详细信息】列表中设置 WIRE_TYPE 为 ROUND，DIAMETER 为 32.5，CATALOG_LENGTH 为 80。

图 10-71　隐藏部件　　　　图 10-72　【重用库】对话框和【标准件管理】对话框

❸选择图 10-73 所示的面作为弹簧的放置面，单击【确定】按钮。弹出如图 10-74 所示的【标准件位置】对话框。

弹簧放置面

图 10-73　选择面

图 10-74　【标准件位置】对话框

❹在弹出【标准件位置】对话框里面，依次选择图 10-75 中的 4 个箭头所指的圆弧圆心作为放置弹簧的位置点。单击【确定】按钮，依次完成弹簧的创建，创建结果如图 10-76 所示。

图 10-75　选择圆弧　　　　　　　　　　图 10-76　弹簧创建结果

02 创建腔体。

❶单击【注塑模向导】选项卡【主要】面板上的【腔体】按钮，弹出图 10-77 所示的【腔体】对话框。选择模具的型芯和型腔作为目标体，选择加载的顶杆、浇注系统零件和块零件作为刀具体。单击【确定】按钮，完成建立腔体的工作。模架如图 10-78 所示。

图 10-77　【腔体】对话框　　　　　　　　图 10-78　模架

❷选择【文件】→【保存】→【全部保存】命令，保存全部零件。

第 **11** 章

典型动定模模具设计——发动机活塞

在进行比较复杂的模具设计时，经常利用侧抽芯来完成零件的成型。零件的多方向的抽芯，使模具结构既要保证模具抽芯顺利，保证模具具有足够的强度，又要保证结构简单、模具零件运行时不发生干涉。此时，动定模的设计尤显重要。本章将结合具体的实例对这一问题进行阐述。

学 习 要 点

- 参考模型设置
- 创建动定模镶件
- 辅助系统设计

11.1 产品分析

本例为发动机活塞模具设计，首先采用建模模块的功能分型出型芯、型腔和滑块，然后调入模架，设计出整套模具。

11.2 参考模型设置

在创建动定模镶件之前，先对模型进行参考模型设置。

01 单击【快速访问】工具栏上中的【打开】按钮，弹出【打开】对话框，如图 11-1 所示。选择面壳壳体的产品文件：光盘目录\yuanwenjian\11\ fdjhs.prt，单击【OK】按钮，调入模型。

图 11-1 【打开】对话框

打开产品模型的结果如图 11-2 所示。

02 选择【菜单】→【插入】→【偏置/缩放】→【缩放体】命令，弹出【缩放体】对话框，如图 11-3 所示。选择模型，然后在【均匀】文本框中输入 1.006，单击【确定】按钮，完成对模型的缩放。

03 选择【菜单】→【编辑】→【移动对象】命令，弹出【移动对象】对话框，选择【角度】运动，如图 11-4 所示。在【矢量】下拉列表中选择【XC 轴】选项，在【角度】文本框中输入【180】，指定轴点为坐标原点，选择【移动原先的】选项，单击【确定】按钮，结果如图 11-5 所示。

04 选择【菜单】→【编辑】→【移动对象】命令，弹出【移动对象】对话框，如图11-6所示。选择模型为要移动的对象，选择【点到点】运动，指定坐标原点为出发点，指定（0，42，0）为终止点，选择【移动原先的】选项，单击【确定】按钮，结果如图11-7所示。

图 11-2 发动机活塞模型　　　图 11-3 【缩放体】对话框　　　图 11-4 【移动对象】对话框

图 11-5 完成模型旋转　　　图 11-6 【移动对象】对话框　　　图 11-7 完成模型平移

11.3　创建动定模镶件

本节主要介绍动定模镶件的创建，动定模镶件的创建是动定模模具设计的关键。

11.3.1　创建定模镶件

01 单击【视图】选项卡【可见性】面板上的【图层设置】按钮，弹出【图层设置】

对话框，如图 11-8 所示。在【图层设置】对话框的【工作图层】文本框中输入 2，并按回车键。单击【确定】按钮，将图层 2 设置为当前工作图层。

02 单击【主页】选项卡【特征】面板上【更多】库下的【抽取几何特征】按钮🐟，弹出【抽取几何特征】对话框，如图 11-9 所示，选择【面】类型，选择图 11-10 所示的内孔面作为抽取面，单击【确定】按钮，完成抽取，如图 11-11 所示。

图 11-8　【图层设置】对话框　　　　　　　图 11-9　【抽取几何特征】对话框

图 11-10　选择模型内孔　　　　　　　　　图 11-11　完成抽取

03 单击【视图】选项卡【可见性】面板上的【图层设置】按钮🗇，弹出【图层设置】对话框，如图 11-12 所示。在【图层/状态】列表中选择图层 1，取消图层 1 勾选，单击【关闭】按钮，隐藏图层 1，效果如图 11-13 所示。

04 单击【主页】选项卡【特征】面板上的【基准平面】按钮▢，在【类型】下拉列表中选择【YC-ZC 平面】选项，如图 11-14 所示。单击【确定】按钮，完成 YC-ZC 平面的创建，如图 11-15 所示。

图 11-12　【图层设置】对话框

图 11-13　隐藏图层 1 效果

05 绘制草图。

❶单击【主页】选项卡【直接草图】面板上的【草图】按钮，弹出【创建草图】对话框，如图 11-16 所示。选择如图 11-17 所示的 YC-ZC 坐标系平面，单击【确定】按钮，进入草绘界面。

图 11-14　【基准平面】对话框

图 11-15　创建的 YC-ZC 平面

图 11-16 【创建草图】对话框　　　　　　　　　图 11-17 选择平面

❷单击【直接草图】面板上的【直线】按钮✐，绘制图 11-18 所示的直线。选中直线，单击【直接草图】面板上【更多】库下的【转换至/自参考对象】按钮▥，将直线设置为参考。

图 11-18 绘制直线

❸单击【直接草图】面板上的【几何约束】按钮⊥，弹出【几何约束】对话框，如图 11-19 所示，选择绘制的两条直线。单击【固定】按钮⏚，使直线固定，效果如图 11-20 所示。

❹单击【直接草图】面板上的【直线】按钮✐，绘制图 11-21 所示的草图，并标注尺寸。

图 11-19 【几何约束】对话框　　　　图 11-20 创建约束效果　　　　图 11-21 草图绘制

06 单击【主页】选项卡【特征】面组上的【旋转】按钮🔩，弹出【旋转】对话框，如图 11-22 所示。在该对话框中，单击【轴】选项组中的【指定矢量】下拉列表中的【自动判断的矢量】选项 ，选择图 11-23 所示的旋转轴。将【限制】选项组中的【开始】和【结束】的角度分别设置为 0 和 360，选择【体类型】为【片体】，单击【确定】按钮，完成旋转操作，结果如图 11-24 所示。

图 11-22　【旋转】对话框　　　　　图 11-23　选择旋转轴

07 选择平面上的草绘截面和基准平面，单击鼠标右键，在弹出的快捷菜单中选择【隐藏】命令，完成隐藏选中的图素，如图 11-25 所示。

图 11-24　完成旋转　　　　　　　图 11-25　隐藏操作

08 选择【菜单】→【插入】→【曲面】→【有界平面】命令，弹出【有界平面】对话框，如图 11-26 所示。选择如图 11-27 所示的边界，然后单击【确定】按钮，完成操作，效果如图 11-28 所示。

图 11-26　【有界平面】对话框　　　图 11-27　选择边界　　图 11-28　完成有界平面效果图

09 单击【曲面】选项卡【曲面工序】面板上的【缝合】按钮，弹出【缝合】对话框，如图 11-29 所示。选择图 11-30 所示的目标体，然后框选图 11-31 所示的所有片体作为工具体，单击【确定】按钮，完成缝合。

图 11-29　【缝合】对话框　　　图 11-30　选择目标体　　　图 11-31　选择工具体

10 单击【主页】选项卡【直接草图】面板上的【草图】按钮，弹出【创建草图】对话框，如图 11-32 所示。选择图 11-33 所示的草绘平面，单击【确定】按钮，进入草绘界面，绘制图 11-34 所示的草图。

图 11-32　【创建草图】对话框

选择草绘平面

24.75

图 11-33　选择草绘平面 　　　　　　　图 11-34　绘制草图

11　单击【主页】选项卡【特征】面板上的【拉伸】按钮，弹出【拉伸】对话框，如图 11-35 所示。在指定方向中选择-ZC 轴，将【限制】选项组中的【结束】设置为【贯通】，设置【布尔】选项为【求差】，单击【确定】按钮，完成拉伸操作，效果如图 11-36 所示。

图 11-35　【拉伸】对话框 　　　　　　　图 11-36　拉伸效果

12　选择屏幕上的草绘截面，单击鼠标右键，在弹出的快捷菜单中选择【隐藏】命令，如图 11-37 所示，完成隐藏选中的图素。

图 11-37　隐藏操作

📖 11.3.2 创建动模镶件

01 单击【视图】选项卡【可见性】面板上的【图层设置】按钮📳，弹出【图层设置】对话框，如图 11-38 所示。在【图层设置】对话框的【工作图层】文本框中输入 3，按回车键，将图层 3 设置为当前工作图层。取消图层 2 的勾选，使图层 2 上的图形不可见，再勾选图层 1，使图层 1 上的图形可见，然后单击【确定】按钮。

图 11-38 【图层设置】对话框   图 11-39 【抽取几何特征】对话框

02 单击【主页】选项卡【特征】面板上【更多】库下的【抽取几何特征】按钮🖎，弹出【抽取几何特征】对话框，如图 11-39 所示，在【类型】下拉列表中选择【面】选项🖾。选择如图 11-40 所示的内孔面作为抽取面，单击【确定】按钮，完成抽取，如图 11-41 所示。

图 11-40 选择模型内孔   图 11-41 完成抽取

227

03 在屏幕上选择参考模型，单击鼠标右键，在弹出的快捷菜单中选择【隐藏】命令，如图 11-42 所示，隐藏参考模型，效果如图 11-43 所示。

图 11-42　选择参考模型　　　　　　　　　　　　　　　　　图 11-43　隐藏效果

04 选择【菜单】→【插入】→【曲面】→【有界平面】命令，弹出【有界平面】对话框，如图 11-44 所示。选择如图 11-45 所示的边界，然后单击【确定】按钮，完成操作，效果如图 11-46 所示。单击【取消】按钮，退出【有界平面】对话框。

图 11-44　【有界平面】对话框　　　图 11-45　选择边界　　　图 11-46　完成有界平面效果图

05 单击【主页】选项卡【特征】面板上的【基准平面】按钮 ，弹出【基准平面】对话框，如图 11-47 所示。在【类型】下拉列表中选择【YC-ZC 平面】选项。单击【确定】按钮，完成 YC-ZC 平面的创建，如图 11-48 所示。

06 绘制草图。

❶单击【主页】选项卡【直接草图】面板上的【草图】按钮 ，弹出【创建草图】对话框，如图 11-49 所示。选择如图 11-50 所示的 YC-ZC 坐标系平面，单击【确定】按钮，进入草绘界面。

❷单击【直接草图】面板上的【直线】按钮 ，绘制如图 11-51 所示的直线，并标注尺寸。选中直线，单击【直接草图】面板上【更多】库下的【转换至/自参考对象】按钮 ，将直线设置为参考。

❸单击【直接草图】面板上的【几何约束】按钮 ，选择绘制的直线，弹出【几何约

束】对话框，如图 11-52 所示。单击【固定】按钮 ⤵ 使直线固定，效果如图 11-53 所示。

图 11-47 【基准平面】对话框

图 11-48 创建的 YC-ZC 平面

图 11-49 【创建草图】对话框

图 11-50 选择平面

图 11-51 绘制直线

图 11-52 【几何约束】对话框

图 11-53 创建约束效果

❹单击【直接草图】面板上的【直线】按钮 ⁄，绘制如图 11-54 所示的草图，并标注尺寸。

07 单击【主页】选项卡【特征】面组上的【旋转】按钮 🌀，弹出【旋转】对话框，如图 11-55 所示。单击【轴】选项组中的【指定矢量】下拉列表中的【自动判断的矢量】选项 ↳，选择图 11-56 所示的旋转轴。然后将【限制】选项组中的【开始】和【结束】的角度分别设置为 0 和 360，选择【体类型】为【片体】，单击【确定】按钮，完成旋转操作，如图 11-57 所示。

图 11-54　草图绘制

08 选择平面上的草绘截面和基准平面，单击鼠标右键，在弹出的快捷菜单中选择【隐藏】命令，如图 11-58 所示，完成隐藏选中的图素。

图 11-55　【旋转】对话框　　　图 11-56　选择旋转轴　　　图 11-57　完成旋转图

09 单击【曲面】选项卡【曲面工序】面板上的【修剪片体】按钮，弹出【修剪片体】对话框，如图 11-59 所示。选择图 11-60 所示的目标片体，接着单击【修剪的片体】对话框上的【边界对象】按钮，选择图 11-61 所示的修剪边界，单击【确定】按钮，完成片体的修剪，效果如图 11-62 所示。

图 11-58　隐藏操作　　　　　　　　　　　图 11-59　【修剪片体】对话框

图 11-60　选择目标体　　　　　图 11-61　选择修剪的边界　　　　图 11-62　片体修剪的效果图

10 单击【曲面】选项卡【曲面】面板上的【直纹】按钮，弹出【直纹】对话框，如图 11-63 所示。选择图 11-64 所示的截面线串 1。接着选择图 11-64 所示的截面线串 2，单击【确定】按钮，生成的直纹面效果如图 11-65 所示。

图 11-63　【直纹】对话框　　　图 11-64　选择截面线串　　　图 11-65　直纹面效果图

11 单击【曲面】选项卡【曲面工序】面板上的【修剪片体】按钮，弹出【修剪片体】对话框，选择图 11-66 所示的目标片体，接着单击【修剪片体】对话框上的【边界对象】按钮，选择图 11-66 所示的修剪边界，单击【确定】按钮，完成片体的修剪，效果如图 11-67 所示。

12 使用相同的方法，创建另一侧修剪的片体，效果如图 11-68 所示。

图 11-66　选择修剪的边界　　　图 11-67　一侧片体修剪的效果图　　　图 11-68　完成片体修剪的效果

13 单击【曲面】选项卡【曲面工序】面板上的【缝合】按钮，弹出【缝合】对话框。选择图 11-69 所示的目标片体，然后框选所有的片体作为工具片体，如图 11-70 所示。单击【确定】按钮，完成缝合。

图 11-69　选择目标片体　　　　　　　图 11-70　选择所有片体

14 单击【主页】选项卡【直接草图】面板上的【草图】按钮，弹出【创建草图】对话框，选择图 11-71 所示的草绘平面，单击【确定】按钮，进入草绘界面，绘制图 11-72 所示的草图。

图 11-71　选择草绘平面　　　　　　　图 11-72　绘制草图

15 单击【主页】选项卡【特征】面板上的【拉伸】按钮 ，弹出【拉伸】对话框，如图 11-73 所示。单击【方向】选项组中的【反向】按钮，将【限制】选项组中的【结束】的距离值设置为 27.5，设置【布尔】选项为【求差】 ，选择图 11-74 所示的求差体，单击【确定】按钮，完成拉伸操作，效果如图 11-75 所示。

图 11-73 【拉伸】对话框

图 11-74 选择求差体

16 选择屏幕上的草绘截面，单击鼠标右键，在弹出的快捷菜单中选择【隐藏】命令，如图 11-76 所示，完成隐藏选中的图素。

图 11-75 拉伸效果图

图 11-76 隐藏操作

17 单击【视图】选项卡【可见性】面板上的【图层设置】按钮 ，弹出【图层设置】对话框，如图 11-77 所示。在【图层设置】对话框的【工作图层】文本框中输入 4，并按回车键，将图层 4 设置为当前工作图层。接着在【图层/状态】列表框中，取消图层 2 和 3 的勾选，勾选图层 1，然后单击【确定】按钮。

18 选择【菜单】→【编辑】→【显示和隐藏】→【显示】命令，弹出【类选择】对话框，如图 11-78 所示。选择屏幕中的参考模型，单击【确定】按钮，显示参考模型。

图 11-77 　【图层设置】对话框

图 11-78 　【类选择】对话框

19 单击【曲面】选项卡【曲面工序】面板上的【抽取几何特征】按钮🖳，弹出【抽取几何特征】对话框，如图 11-79 所示。在【类型】下拉列表中选择【面】选项，选择图 11-80 所示的小内孔面作为抽取面，单击【确定】按钮，完成抽取。

20 在屏幕上选择参考模型，单击鼠标右键，在弹出的快捷菜单中选择【隐藏】命令，隐藏参考模型，效果如图 11-81 所示。

图 11-79 　【抽取几何特征】对话框

图 11-80 　选择小内孔　　　　图 11-81 　隐藏效果图

21 选择【菜单】→【插入】→【曲面】→【有界平面】命令，弹出【有界平面】对话框，如图 11-82 所示。选择图 11-83 示的边界，然后单击【确定】按钮，完成操作，效果如图 11-84 所示。

22 单击【主页】选项卡【特征】面板上的【基准平面】按钮▱，弹出【基准平面】对话框，如图 11-85 所示。在【类型】下拉列表中选择【YC-ZC 平面】选项，单击【确定】

按钮，完成 YC-ZC 平面的创建。

图 11-82　【有界平面】对话框　　　图 11-83　选择边界　　图 11-84　完成有界平面效果图

23 单击【主页】选项卡【直接草图】面板上的【草图】按钮，弹出【创建草图】对话框，选择上一步创建的 YC-ZC 坐标系平面，单击【确定】按钮，进入草绘界面。

24 单击【直接草图】面板上的【直线】按钮，绘制图 11-86 所示的直线，并标注尺寸。选中直线，单击【直接草图】面板上【更多】库下的【转换至/自参考对象】按钮，将直线设置为参考。

25 单击【直接草图】面板上的【直线】按钮，绘制图 11-87 所示的草图，并标注尺寸。

图 11-85　【基准平面】对话框　　　图 11-86　绘制直线　　　图 11-87　草图绘制

26 单击【主页】选项卡【特征】面组上的【旋转】按钮，弹出【旋转】对话框，如图 11-88 所示。单击【轴】选项组中的【指定矢量】下拉列表中的【自动判断的矢量】选项，选择图 11-89 所示的旋转轴。然后将【限制】选项组中的【开始】和【结束】的角度分别设置为 0 和 360，选择【体类型】为片体，单击【确定】按钮，完成旋转操作，效果如图 11-90 所示。

27 选择平面上的草绘截面和基准平面，单击鼠标右键，在弹出的快捷菜单中选择【隐藏】命令，完成隐藏选中的图素。

28 单击【曲面】选项卡【曲面工序】面板上的【缝合】按钮，弹出【缝合】对话框。选择图 11-91 所示的目标体，然后框选所有的片体作为工具片体，如图 11-91 所示。单击【确定】按钮，完成缝合。

29 单击【视图】选项卡【可见性】面板上的【图层设置】按钮，弹出【图层设置】对话框。在【图层/状态】列表框中，勾选图层 3，然后单击【关闭】按钮，显示最初创建的镶件，如图 11-92 所示。

图 11-88 【旋转】对话框   图 11-89 选择旋转轴   图 11-90 完成旋转效果图

图 11-91 选择目标和工具片体   图 11-92 镶件的显示

30 单击【主页】选项卡【特征】面板上的【减去】按钮，弹出【求差】对话框如图 11-93 所示。在【设置】选项组中选择【保存工具】复选框，依次选择图 11-94 所示的目标体和工具体，单击【确定】按钮，完成求差。

31 单击【视图】选项卡【可见性】面板上的【图层设置】按钮，弹出【图层设置】对话框。在【图层/状态】列表框中，分别勾选图层 1、2 和 3，然后单击【确定】按钮，显示定模镶件和参考模型，如图 11-95 所示。

32 镜像对象。

图11-93 【求差】对话框   图11-94 选择目标体和工具体

❶选择【菜单】→【编辑】→【变换】命令，弹出【变换】对话框1，如图11-96所示。框选模型，单击【确定】按钮，弹出【变换】对话框2，如图11-97所示。

图11-95 显示镶件和模型   图11-96 【变换】对话框1   图11-97 【变换】对话框2

❷在【变换】对话框上单击【通过一平面镜像】按钮，弹出【平面】对话框，在【类型】下拉列表中选择【XC-ZC平面】选项，如图11-98所示。

❸单击【平面】对话框上的【确定】按钮，弹出图11-99所示的【变换】对话框3，在该对话框上单击【复制】按钮，完成镜像操作，效果如图11-100所示。单击【取消】按

钮，退出【变换】对话框。

图 11-98 【平面】对话框

图 11-99 【变换】对话框 3

图 11-100 镜像效果

11.4 创建抽芯机构

抽芯机构既要保证模具抽芯顺利，保证模具强度，又要结构简单，模具零件运行不发生干涉。

01 单击【视图】选项卡【可见性】面板上的【图层设置】按钮，弹出【图层设置】对话框。在【图层设置】对话框的【工作】文本框中输入 5，并按回车键，将图层【5】设置为当前工作图层。接着在【图层/状态】列表框中，取消图层 1、2、3 和 4 的勾选，然后单击【确定】按钮，隐藏所有的部件。

02 绘制草图。

❶ 单击【主页】选项卡【直接草图】面板上的【草图】按钮，弹出【创建草图】对话框，如图 11-101 所示。使用默认的基准平面作为草绘平面，单击【确定】按钮，进入草绘界面。

❷ 单击【直接草图】面板上的【矩形】按钮，在随鼠标移动的【XC】和【YC】文本框中依次输入 100 和 95，单击回车键，接着在随鼠标移动的【宽度】和【高度】文本框中依次输入 200 和 190，单击回车键，然后单击鼠标中键，完成绘制。标注尺寸后绘制的草图如图 11-102 所示。

图 11-101 【创建草图】对话框

图 11-102 绘制草图

03 单击【主页】选项卡【特征】面板上的【拉伸】按钮，弹出【拉伸】对话框，如图 11-103 所示。在【限制】选项组中的【结束】下拉列表中选择【对称值】，设置【距离】为 38.5，设置【偏差】为无，单击【确定】按钮，完成拉伸操作，效果如图 11-104 所示。

图 11-103　【拉伸】对话框

图 11-104　拉伸效果图

04 以线框选择模型，选择屏幕上的草绘截面，单击鼠标右键，在弹出的快捷菜单中选择【隐藏】命令，如图 11-105 所示，完成隐藏选中的图素。

图 11-105　隐藏操作

05 绘制草图。

❶单击【主页】选项卡【直接草图】面板上的【草图】按钮，弹出【创建草图】对话框，如图 11-106 所示。选择 YC-ZC 坐标系平面为草绘平面，单击【确定】按钮，进入草

绘界面。

❷单击【直接草图】面板上的【矩形】按钮□，绘制图11-107所示的草图并标注尺寸。

图11-106 【创建草图】对话框

图11-107 绘制矩形

❸选择【菜单】→【插入】→【草图曲线】→【镜像曲线】命令，弹出【镜像曲线】对话框，如图11-108所示。选择中心线，接着框选镜像几何体，如图11-109所示。单击【确定】按钮，完成草图的绘制，如图11-110所示。

图11-108 【镜像曲线】对话框

图11-109 选择中心线和几何体

图11-110 完成草图

06 单击【主页】选项卡【特征】面板上的【拉伸】按钮🔳，弹出【拉伸】对话框。在【限制】选项组中的【开始】和【结束】下拉列表中选择【贯通】，在【布尔】下拉列表中选择【求差】选项🗗，设置【偏差】为无，如图11-111所示，单击【确定】按钮，完成拉伸操作，效果（隐藏了草图和基准平面）如图11-112所示。

07 单击【主页】选项卡【直接草图】面板上的【草图】按钮，弹出【创建草图】对话框，选择 XC-ZC 坐标系平面为草图绘制面，单击【确定】按钮，进入草绘界面，绘制图 11-113 所示的草图并标注尺寸。

图 11-111　【拉伸】对话框　　　　　　　　　图 11-112　拉伸效果图

图 11-113　完成草图

08 单击【主页】选项卡【特征】面板上的【拉伸】按钮，弹出【拉伸】对话框，如图 11-114 所示。在【限制】选项组中的【结束】下拉列表中选择【对称值】，设置【距离】为 70，在【布尔】下拉列表中选择【求差】选项，选择图 11-115 所示的求差体，单击【确定】按钮，完成拉伸操作，效果（隐藏了草图和基准平面）如图 11-116 所示。

09 单击【主页】选项卡【直接草图】面板上的【草图】按钮，弹出【创建草图】对话框，选择 XC-ZC 平面为草图绘制面，单击【确定】按钮，进入草绘界面。单击【直接草图】面板上的【直线】按钮，绘制图 11-117 所示的锁紧楔草图并标注尺寸。

10 单击【主页】选项卡【特征】面板上的【拉伸】按钮，弹出【拉伸】对话框。在【限制】选项组中的【结束】下拉列表中选择【对称值】，设置【距离】为 67.5，在【布尔】下拉列表中选择【无】选项，单击【确定】按钮，完成拉伸操作，效果（隐藏了草图）

如图 11-118 所示。

图 11-114 【拉伸】对话框

图 11-115 选择求差体

图 11-116 拉伸效果图

图 11-117 绘制草图

图 11-118 拉伸效果图

⑪ 镜像对象。

❶选择【菜单】→【编辑】→【变换】命令，弹出【变换】对话框 1，选择上面创建的锁紧楔，单击【确定】按钮，弹出【变换】对话框 2，如图 11-119 所示。

❷在【变换】对话框 2 上单击【通过一平面镜像】按钮，弹出【平面】对话框，在【类型】下拉列表中选择【YC-ZC 平面】选项，如图 11-120 所示。

❸单击【平面】对话框上的【确定】按钮，弹出图 11-121 所示的【变换】对话框 3，在该对话框上单击【复制】按钮，完成镜像操作，效果如图 11-122 所示。单击【取消】按钮，退出【变换】对话框。

图 11-119 【变换】对话框 2

图 11-120 【平面】对话框

12 单击【视图】选项卡【可见性】面板上的【图层设置】按钮，弹出【图层设置】对话框。在【图层/状态】列表框中，分别勾选图层 1、2、3 和 4，然后单击【确定】按钮，显示所有部件。接着打开【部件导航器】，隐藏两个锁紧楔，其余特征部件全部显示，如图 11-123 所示。

图 11-121 【变换】对话框 3　　　图 11-122 镜像效果　　　图 11-123 显示部件

13 单击【主页】选项卡【特征】面板上的【减去】按钮，弹出【求差】对话框，如图 11-124 所示。在【设置】选项组中选择【保存工具】复选框，依次选择图 11-125 所示的目标体和所有的动定模镶件作为工具体，单击【确定】按钮，完成求差。

14 单击【视图】选项卡【可见性】面板上的【图层设置】按钮，弹出【图层设置】对话框。在【图层/状态】列表框中分别取消图层 2、3 和 4，然后单击【确定】按钮，隐藏动定模部件，效果如图 11-126 所示。

15 单击【主页】选项卡【特征】面板上的【修剪体】按钮，弹出【修剪体】对话框，如图 11-127 所示。选择图 11-128 所示的目标体，单击【选择面和平面】按钮，接着选择【菜单】→【编辑】→【显示和隐藏】→【隐藏】命令,选择图 11-128 所示的需要隐藏的特征,效果如图 11-129 所示。然后选择如图 11-130 所示的工具面,单击【确定】按钮,完成一个参考模型的修剪。

图 11-124　【求差】对话框　　　图 11-125　选择目标体和工具体　　图 11-126　隐藏动定模部件效果

16 打开【部件导航器】,显示图 11-128 中所示的目标体。使用相同的方法创建另一参考模型的修剪。

17 单击【主页】选项卡【直接草图】面板上的【草图】按钮，弹出【创建草图】对话框,以默认的基准平面作为草绘平面,并单击【确定】按钮,进入草绘界面,绘制如图 11-131 所示的草图。

图 11-127　【修剪体】对话框　　图 11-128　目标体和需要隐藏的特征　　　图 11-129　隐藏的效果图

图 11-130　选择工具面　　　　　　　　图 11-131　绘制草图

⑱ 单击【主页】选项卡【特征】面板上的【拉伸】按钮█，弹出【拉伸】对话框。在【限制】选项组中的【结束】下拉列表中选择【对称值】，设置【距离】为 38.5，在【布尔】下拉列表中选择【无】选项，设置【偏差】为无。单击【确定】按钮，完成拉伸操作，效果（隐藏了草图）如图 11-132 所示。

⑲ 单击【菜单】→【插入】→【修剪】→【拆分体】命令，弹出【拆分体】对话框，如图 11-133 所示。选择图 11-134 所示的拆分体和拆分面，单击【确定】按钮，完成拆分操作，如图 11-135 所示。

图 11-132　拉伸效果图　　　　　　　　　图 11-133　【拆分体】对话框

图 11-134　拆分体和拆分面　　　　　　　图 11-135　隐藏操作

注意

将矩形拉伸体一分为二的目的是为了创建两个滑块。

⑳ 选择屏幕上的拉伸曲面，单击鼠标右键，在弹出的快捷菜单中选择【隐藏】命令，隐藏选中的图素，如图 11-135 所示。

㉑ 单击【主页】选项卡【特征】面板上的【基准平面】按钮█，弹出【基准平面】对话框。在【类型】下拉列表中选择【XC-ZC 平面】选项，将【偏置和参考】选项组中【距离】设置为 42，如图 11-136 所示。单击【确定】按钮，完成 XC-ZC 平面的创建。

㉒ 单击【主页】选项卡【直接草图】面板上的【草图】按钮█，弹出【创建草图】对话框，选择 XC-ZC 基准平面作为草绘平面，并单击【确定】按钮，进入草绘界面，绘制

图 11-137 所示的草图。

图 11-136 【基准平面】对话框

图 11-137 绘制草图

23 单击【主页】选项卡【特征】面组上的【旋转】按钮，弹出【旋转】对话框。在该对话框中，单击【轴】选项组中【指定矢量】下拉列表中【自动判断的矢量】按钮，选择图 11-138 所示的旋转轴。然后将【限制】选项组中的【开始】和【结束】的角度分别设置为 0 和 360，单击【确定】按钮，完成旋转操作，隐藏草图和基准面，效果如图 11-139 所示。

图 11-138 选择旋转轴

图 11-139 旋转效果图

24 镜像特征。

1 选择【菜单】→【编辑】→【变换】命令，弹出【变换】对话框 1，选择上面创建的斜导柱，单击【确定】按钮，弹出【变换】对话框 2，如图 11-140 所示。

2 在【变换】对话框 2 上单击【通过一平面镜像】按钮，弹出【平面】对话框，在【类型】下拉列表中选择【XC-ZC 平面】选项，如图 11-141 所示。

图 11-140 【变换】对话框 2

图 11-141 【平面】对话框

❸单击【平面】对话框上的【确定】按钮，弹出如图 11-142 所示的【变换】对话框 3，在该对话框上单击【复制】按钮，完成镜像操作，效果如图 11-143 所示。单击【取消】按钮，退出【变换】对话框 3。

图 11-142 【变换】对话框 3   图 11-143 镜像效果图

❹使用相同的方法，以 YC-ZC 平面作为镜像面，对图 11-143 所示的两根斜导柱进行镜像操作，效果如图 11-144 所示。

图 11-144 完成斜导柱镜像效果图

25 单击【主页】选项卡【特征】面板上的【修剪体】按钮，弹出【修剪体】对话框，如图 11-145 所示。选择图 11-144 中所示的 4 根导柱作为目标体，在【刀具】选项组下的【工具选项】下拉列表中选择【新建平面】选项，在【指定平面】一项中单击【平面】按钮，弹出【平面】对话框，如图 11-146 所示。

图 11-145 【修剪体】对话框   图 11-146 【平面】对话框

26 在【类型】下拉列表中选择【点和方向】选项。单击【选择杆】工具栏上的【象限点】按钮 ⊙，如图 11-147 所示，捕捉边界的四等分点，在【平面】对话框中，将【法向】选项组下的【指定矢量】设置为 ZC 轴，捕捉效果如图 11-148 所示。单击【确定】按钮，返回至【修剪体】对话框，接着单击【确定】按钮，完成修剪，效果如图 11-149 所示。

图 11-147　捕捉象限点　　　　　　　　　图 11-148　捕捉效果图

图 11-149　修剪效果图

27 单击【主页】选项卡【特征】面板上的【基准平面】按钮 ⬜，弹出【基准平面】对话框。在【类型】下拉列表中选择【XC-ZC 平面】选项，将【偏置和参考】选项组中的【距离】设置为 42，如图 11-150 所示。单击【确定】按钮，完成 XC-ZC 平面的创建。

28 单击【主页】选项卡【直接草图】面板上的【草图】按钮 📷，弹出【创建草图】对话框，选择上步创建的基准平面作为草绘平面，并单击【确定】按钮，进入草绘界面，绘制图 11-151 所示的草图。

29 单击【主页】选项卡【特征】面组上的【旋转】按钮 🎯，弹出【旋转】对话框，如图 11-152 所示。在该对话框中，单击【轴】选项组中的【指定矢量】下拉列表中的【自动判断的矢量】选项 ⬇，选择图 11-153 所示的旋转轴。然后将【限制】选项组中的【开始】和【结束】的角度分别设置为 0 和 360，在【布尔】下拉列表中选择【求差】选项，选择图 11-153 所示的求差体。单击【确定】按钮，完成旋转操作，生成导柱孔。

30 选择屏幕上的草绘截面和基准平面，单击鼠标右键，在弹出的快捷菜单中选择【隐藏】命令，完成隐藏选中的图素。

31 选择上一步创建的导柱孔，单击【主页】选项卡【特征】面板上【更多】库下【镜像特征】按钮 🗲，弹出【镜像特征】对话框，如图 11-154 所示。在【镜象平面】选项组下的【平面】下拉列表中选择【新平面】选项，在【指定平面】选择【XC-ZC 平面】选项，单击【确定】按钮，完成导柱孔的镜像操作。

图 11-150　【基准平面】对话框　　　　图 11-151　绘制草图　　　　图 11-152　【旋转】对话框

图 11-153　选择旋转轴

图 11-154　【镜像特征】对话框

㉜ 根据 ㉔ ～ ㉛ 的操作方法创建另一侧的导柱孔。这中间的草图绘制如图 11-155 所示，接着选择创建的草绘截面，单击【主页】选项卡【特征】面组上的【旋转】按钮，在弹出的【旋转】对话框中，设置参数，选择旋转轴，选择【求差】选项，选择求差体，参照步骤 ㉙ ，单击【确定】按钮，完成旋转操作。然后单击【主页】选项卡【特征】面板上【更多】库下【镜像特征】按钮，利用镜像功能对生成的导柱孔进行镜像，完成的导柱孔总体效果如图 11-156 所示。

图 11-155　绘制草图

图 11-156　导柱孔总体效果图

11.5　辅助系统设计

在完成分型设计后，为了完成完整的模具设计，需要设计一些辅助系统（包括添加模架、B 板开框、A 板开框），创建流道板和浇注系统设计，创建唧嘴和冷却系统设计等工作。

📖 11.5.1　添加模架

01 单击【注塑模向导】选项卡【主要】面板上的【模架库】按钮，弹出【重用库】对话框和【模架库】对话框，在【名称】列表中选择【LKM_TP】模架，在【成员选择】列表中选择【FC】。

02 在【详细信息】列表中选择 index 为 3035，设置【EG_Guide】为 1:ON，【BP_h】为 100，【AP_h】为 80，【Mold_type】为 350:I，其他的默认，如图 11-157 所示。

03 在【模架库】对话框上单击【确定】按钮，系统自动加载模架，结果如图 11-158 所示。

图 11-157　模架参数设置

图 11-158　加载模架

11.5.2 B 板开框

01 将光标移至 B 板，单击鼠标右键，在弹出的快捷菜单中选择【设为显示部件】命令，将 B 板转为当前显示部件。

02 单击【主页】选项卡【直接草图】面板上的【草图】按钮，弹出【创建草图】对话框，如图 11-159 所示。在【草图平面】选项组下的【平面选项】下拉列表中选择【创建平面】选项，在【指定平面】下拉列表中选择【YC-ZC 平面】选项。单击【确定】按钮，进入草绘界面，然后绘制图 11-160 所示的草图。

03 单击【主页】选项卡【特征】面板上的【拉伸】按钮，弹出【拉伸】对话框，如图 11-161 所示。在【限制】选项组中的【开始】和【结束】的下拉列表中选择【贯通】，在【布尔】下拉列表中选择【求差】选项，设置【偏差】为无，单击【确定】按钮，完成拉伸操作，效果如图 11-162 所示。

图 11-159 【创建草图】对话框

图 11-160 绘制草图

图 11-161 【拉伸】对话框

图 11-162 拉伸效果图

04 选择屏幕上的【草绘截面】和【基准平面【，单击鼠标右键，在弹出的快捷菜单中选择【隐藏】命令，完成隐藏选中的图素。

05 单击【视图】选项卡中的【窗口】下拉按钮，选择【fdjhs.prt】文件，进入总模型界面。

06 打开【装配导航器】，在总装配组件上单击鼠标右键，在弹出的快捷菜单中选择【设为工作部件】命令，将总装配组件转为当前工作部件，然后只显示 B 板，隐藏其余部件。单击【视图】选项卡【可见性】面板上的【图层设置】按钮，弹出【图层设置】对话框，在【图层/状态】列表中选择图层 2，接着单击【不可见】和【确定】按钮，隐藏图层 2，再打开【部件导航器】，显示动模镶件和锁紧楔，结果如图 11-163 所示。

07 选中 B 板并单击鼠标右键，在弹出的快捷菜单中选择【设为工作部件】命令，将 B 板转为当前工作部件。

08 单击【主页】选项卡【特征】面板上的【减去】按钮，弹出图 11-164 所示的【求差】对话框。

图 11-163　显示 B 板、动模镶件和锁紧楔

图 11-164　【求差】对话框

09 选择 B 板作为目标体，锁紧楔作为工具体，如图 11-165 所示。单击【求差】对话框中的【确定】按钮。

10 选择【菜单】→【编辑】→【显示和隐藏】→【隐藏】命令，弹出【类选择】对话框。选择锁紧楔和动模镶件，单击【确定】按钮，隐藏选中的部件，结果如图 11-166 所示。

图 11-165　选择目标体和工具体

图 11-166　B 板

11.5.3　A 板开框

01 打开【装配导航器】，隐藏 B 板，显示 A 板。接着选中 A 板并单击鼠标右键，在弹出的快捷菜单中选择【设为工作部件】命令，将 A 板转为工作部件，如图 11-167 所示。

02 单击【主页】选项卡【直接草图】面板上的【草图】按钮，弹出【创建草图】对话框，如图 11-168 所示。接受默认的草绘平面，单击【确定】按钮，进入草绘界面，然后绘制图 11-169 所示的矩形草图。

图 11-167　A 板　　　　　图 11-168　【创建草图】对话框　　　　图 11-169　绘制矩形草图

03 单击【主页】选项卡【特征】面板上的【拉伸】按钮，弹出【拉伸】对话框，如图 11-170 所示。在【限制】选项组中将【开始】的【距离】设置为 0，将【结束】的【距离】设置为 38.5，在【布尔】下拉列表中选择【求差】选项，设置【偏差】为无，选择图 11-171 所示的求差体，单击【确定】按钮，完成拉伸操作，效果如图 11-172 所示。

图 11-170　【拉伸】对话框　　　　图 11-171　选择求差体　　　　图 11-172　拉伸效果图

04 选择屏幕上的【草绘截面】，单击鼠标右键，在弹出的快捷菜单中选择【隐藏】命令，完成隐藏选中的图素。

05 打开【装配导航器】，在总装配组件上单击鼠标右键，在弹出的快捷菜单中选择【设为工作部件】命令，将总装配组件转为当前工作部件，然后只显示 A 板，隐藏其余部件。单击【视图】选项卡【可见性】面板上的【图层设置】按钮，弹出【图层设置】对话框，在【图层/状态】列表中选择图层 2，接着单击【可选】和【确定】按钮，显示图层 2，显示定模镶件。再打开【部件导航器】，显示斜导柱和锁紧楔，结果如图 11-173 所示。

06 选中 A 板并单击鼠标右键，在弹出的快捷菜单中选择【设为工作部件】命令，将 A 板转为当前工作部件。

07 单击【主页】选项卡【特征】面板上的【减去】按钮，弹出图 11-174 所示的【求差】对话框。选择 A 板作为目标体，锁紧楔作为工具体，单击【确定】按钮，完成求差操作。

08 选择【菜单】→【编辑】→【显示和隐藏】→【隐藏】命令，弹出【类选择】对话框。选择锁紧楔和动模镶件，单击【确定】按钮，隐藏选中的部件，结果如图 11-175 所示。

图 11-173　显示 A 板、定模镶件、斜导柱和锁紧楔

图 11-174　【求差】对话框

图 11-175　A 板

11.5.4　创建流道板和浇注系统设计

01 打开【装配导航器】，在总装配组件上单击鼠标右键，在弹出的快捷菜单中选择

【设为工作部件】命令，将总装配组件转为当前工作部件。单击【视图】选项卡【可见性】面板上的【图层设置】按钮，弹出【图层设置】对话框，在【工作】文本框中输入 6，按回车键，单击【关闭】按钮，将图层 6 设置为当前工作图层。

02 单击【主页】选项卡【直接草图】面板上的【草图】按钮，弹出【创建草图】对话框，如图 11-176 所示。在【草图平面】选项组下的【平面选项】下拉列表中选择【创建平面】选项，在【指定平面】下拉列表中选择【XC-YC 平面】选项。然后在屏幕上的【距离】文本框中输入 80，单击回车键，单击【确定】按钮进入草绘界面，绘制图 11-177 所示的草图。

03 单击【主页】选项卡【特征】面板上的【拉伸】按钮，弹出【拉伸】对话框，在【限制】选项组中将【开始】的【距离】设置为 0，将【结束】的【距离】设置为-16.002，设置【布尔】为无，单击【确定】按钮，完成拉伸操作，效果如图 11-178 所示。

图 11-176 【创建草图】对话框

图 11-177 绘制草图

图 11-178 拉伸效果图

04 选择屏幕上的草绘截面和基准平面，单击鼠标右键，在弹出的快捷菜单中选择【隐藏】命令，完成隐藏选中的图素。

05 单击【主页】选项卡【直接草图】面板上的【草图】按钮，弹出【创建草图】对话框，。在【草图平面】选项组下的【平面选项】下拉列表中选择【创建平面】选项，在【指定平面】下拉列表中选择【XC-YC 平面】选项。然后在屏幕上的【距离】文本框中输入 80，单击回车键，单击【确定】按钮进入草绘界面，绘制图 11-179 所示的草图。

图 11-179 绘制草图

06 单击【主页】选项卡【特征】面组上的【旋转】按钮，弹出【旋转】对话框，如图 11-180 所示。在该对话框中，单击【轴】选项组中的【指定矢量】下拉列表中的【自动判断的矢量】选项，选择图 11-181 所示的旋转轴。然后将【限制】选项组中的【开始】和【结束】的角度分别设置为 0 和 360，单击【确定】按钮，完成旋转操作，如图 11-182 所示，创建完成主流道。

图 11-180 【旋转】对话框　　　图 11-181 选择旋转轴　　　图 11-182 旋转效果图

07 选择屏幕上的【草绘截面】和【基准平面】，单击鼠标右键，在弹出的快捷菜单中选择【隐藏】命令，完成隐藏选中的图素。

08 单击【主页】选项卡【直接草图】面板上的【草图】按钮，弹出【创建草图】对话框，在【草图平面】选项组下的【平面选项】下拉列表中选择【创建平面】选项，在【指定平面】下拉列表中选择【YC-ZC 平面】选项。单击【确定】按钮进入草绘界面，绘制图 11-183 所示的草图。

图 11-183 绘制草图

09 单击【主页】选项卡【特征】面组上的【旋转】按钮，弹出【旋转】对话框。在该对话框中，单击【轴】选项组中的【指定矢量】下拉列表中的【自动判断的矢量】按钮，选择如图 11-184 所示的旋转轴。然后将【限制】选项组中的【开始】和【结束】的角度分别设置为 0 和 360，单击【确定】按钮，完成旋转操作，如图 11-185 所示，创建完成分流道。

10 选择屏幕上的【草绘截面】和【基准平面】，单击鼠标右键，在弹出的快捷菜单中选择【隐藏】命令，完成隐藏选中的图素。

11 选择【菜单】→【编辑】→【移动对象】命令，弹出【移动对象】对话框，如图11-186所示，选择上面创建的分流道。选择【点到点】运动，指定出发点为坐标原点，指定（0，36，0）为终止点。选择【复制原先的】选项，输入非关联副本数为1，单击【确定】按钮，结果如图11-187所示。

图11-184　选择旋转轴

图11-185　旋转效果图

图11-186　【移动对象】对话框

图11-187　平移效果图

12 选择【菜单】→【编辑】→【变换】命令，弹出【变换】对话框1，选择图11-187中的两个分流道，单击【确定】按钮。弹出【变换】对话框2，如图11-188所示。单击【通过一平面镜像】按钮，弹出【平面】对话框，在【类型】下拉列表中选择【XC-ZC平面】选项，如图11-189所示。在【平面】对话框上单击【确定】按钮，返回至【变换】对话框，单击【复制】按钮，完成分流道的镜像操作，效果如图11-190所示。单击【取消】按钮，退出【变换】对话框。

13 单击【主页】选项卡【特征】面板上的【合并】按钮，弹出【合并】对话框。选择上面创建的主流道为目标体，选择4个分流道为工具体，单击【确定】按钮，完成主流道和分流道的求和操作。

图 11-188 【变换】对话框 2

图 11-189 【平面】对话框

图 11-190 镜像效果图

11.5.5 创建唧嘴

01 单击【主页】选项卡【直接草图】面板上的【草图】按钮，弹出【创建草图】对话框，在【草图平面】选项组下的【平面选项】下拉列表中选择【创建平面】选项，在【指定平面】下拉列表中选择【YC-ZC 平面】选项。单击【确定】按钮进入草绘界面，绘制图 11-191 所示的草图。

图 11-191 绘制草图

02 单击【主页】选项卡【特征】面组上的【旋转】按钮，弹出【旋转】对话框。在该对话框中，单击【轴】选项组中的【指定矢量】下拉列表中的【ZC轴】按钮，在【旋转】对话框中将【限制】选项组中的【开始】和【结束】的角度分别设置为 0 和 360，默认【布尔】为无，【体类型】为实体，单击【确定】按钮，完成旋转操作，如图 11-192 所示。

图 11-192　旋转效果图

03 选择屏幕上的【草绘截面】和【基准平面】，单击鼠标右键，在弹出的快捷菜单中选择【隐藏】命令，完成隐藏选中的图素。

04 选中 A 板并单击鼠标右键，在弹出的快捷菜单中选择【设为工作部件】命令，将 A 板转为当前工作部件。

05 单击【主页】选项卡【特征】面板上的【减去】按钮，弹出图 11-193 所示的【求差】对话框，选择【保存工具】复选框，选择 A 板作为目标体，选择流道板作为工具体，如图 11-194 所示。单击【确定】按钮，完成 A 板与流道板的求差操作。

图 11-193　【求差】对话框

图 11-194　选择目标体和工具体

06 打开【装配导航器】，在总装配组件上单击鼠标右键，在弹出的快捷菜单中选择【设为工作部件】命令，将总装配组件转为当前工作部件。然后选中 A 板并单击鼠标右键，在弹出的快捷菜单中选择【隐藏】命令，隐藏 A 板。如图 11-195 所示。

07 单击【主页】选项卡【特征】面板上的【减去】按钮，弹出【求差】对话框，选择【保存工具】复选框，选择唧嘴作为目标体，选择流道作为工具体，如图 11-196 所示。单击【确定】按钮，完成唧嘴与流道的求差操作。

UG NX 10.0

图 11-195　调整部件显示

图 11-196　选择目标体和工具体

08 单击【主页】选项卡【特征】面板上的【减去】按钮 ，弹出【求差】对话框，选择【保存工具】复选框，选择流道板作为目标体，选择流道作为工具体，如图 11-197 所示。单击【确定】按钮，完成流道板与流道的求差操作。

09 利用【装配导航器】和【部件导航器】隐藏定模镶件、唧嘴和流道板，显示浇口板，效果如图 11-198 所示。

图 11-197　选择目标体和工具体

图 11-198　显示流道和浇口板

10 选中浇口板并单击鼠标右键，在弹出的快捷菜单中选择【设为工作部件】命令，将浇口板转为当前工作部件。

11 单击【主页】选项卡【特征】面板上的【减去】按钮 ，弹出【求差】对话框，取消选择的【保存工具】复选框，选择浇口板作为目标体，选择流道作为工具体，如图 11-199 所示。单击【确定】按钮，完成浇口板与流道的求差操作。

12 打开【装配导航器】，在总装配组件上单击鼠标右键，在弹出的快捷菜单中选择【设为工作部件】命令，将总装配组件转为当前工作部件。

13 利用【装配导航器】和【部件导航器】隐藏流道，并显示唧嘴的草图轮廓截面，效果如图 11-200 所示。

14 单击【主页】选项卡【直接草图】面板上的【草图】按钮 ，弹出【创建草图】对话框，在【草图平面】选项组下的【平面选项】下拉列表中选择【创建平面】选项，在【指定平面】下拉列表中选择【YC-ZC 平面】选项。单击【确定】按钮进入草绘界面，绘制

图 11-201 所示的草图。

图 11-199 选择目标体和工具体

图 11-200 显示浇口板和唧嘴草图

15 单击【主页】选项卡【特征】面组上的【旋转】按钮，弹出【旋转】对话框。在该对话框中，单击【轴】选项组中的【指定矢量】下拉列表中的【ZC 轴】按钮，在【旋转】对话框中将【限制】选项组中的【开始】和【结束】的角度分别设置为 0 和 360，其他默认，单击【确定】按钮，完成旋转操作，效果如图 11-202 所示。

图 11-201 绘制草图

图 11-202 旋转效果图

16 选择屏幕上的【草绘截面】和【基准平面】，单击鼠标右键，在弹出的快捷菜单中选择【隐藏】命令，完成隐藏选中的图素。

17 选中浇口板并单击鼠标右键，在弹出的快捷菜单中选择【设为工作部件】命令，将浇口板转为当前工作部件。

18 单击【主页】选项卡【特征】面板上的【减去】按钮，弹出【求差】对话框，取消选择的【保存工具】复选框，选择浇口板作为目标体，选择上一步创建的旋转体作为工具体，如图 11-203 所示。单击【确定】按钮，完成浇口板与旋转体的求差操作。

19 打开【装配导航器】，显示面板如图 11-204 所示，选中面板并单击右键，在弹出的快捷菜单中选择【设为工作部件】命令，将面板转为当前工作部件。

20 单击【主页】选项卡【特征】面板上的【减去】按钮，弹出【求差】对话框，取消选择的【保存工具】复选框，选择面板作为目标体，选择刚才创建的旋转体作为工具体。单击【确定】按钮，完成面板与旋转体的求差操作。

21 选择【菜单】→【编辑】→【显示和隐藏】→【隐藏】命令，弹出【类选择】对话框，选择屏幕中的旋转体，单击【确定】按钮，隐藏旋转体。余下的浇口板和面板显示结果如图 11-205 所示。

图 11-203 选择目标体和工具体

图 11-204 显示面板 　　　　　　　图 11-205 显示面板和浇口板

11.5.6 冷却系统设计

01 打开【装配导航器】，在总装配组件上单击鼠标右键，在弹出的快捷菜单中选择【设为工作部件】命令，将总装配组件转为当前工作部件。

02 接着利用【装配导航器】和【部件导航器】隐藏面板和浇口板，显示右侧滑块结构，如图 11-206 所示。

图 11-206 显示右侧滑块

03 单击【主页】选项【特征】面板上的【孔】按钮 ，弹出【孔】对话框，在该对话框上设置【直径】的值为6，设置【深度】的值为180，设置【顶锥角】的值为118，如图 11-207 所示。单击【绘制截面】按钮 ，弹出【创建草图】对话框，选择放置孔的面，如图 11-208 所示，单击【确定】按钮，进入草图绘制环境。绘制如图 11-209 所示的草图，单击【完成草图】按钮，返回到【孔】对话框，单击【应用】按钮创建孔，效果如图 11-210 所示。

04 重复上述操作，在如图 11-211 所示的位置创建相同参数的孔。

05 按照相同的方法创建其他的冷却孔，位置如图 11-212 所示，设置【沉头直径】为10，【沉头深度】为20，【直径】为6，【深度】为70，【顶锥角】为118，效果果如图 11-213 所示。

图 11-207　【孔】对话框

选择面

图 11-208　选择面

图 11-209　绘制草图

图 11-210　孔的效果图

图 11-211　绘制草图

06 使用【部件导航器】，隐藏右侧的滑块，显示左侧的滑块。使用相同的冷却孔位置创建左侧滑块的冷却孔，效果如图 11-214 所示。

图 11-212　冷却孔的位置

UG NX 10.0

263

图 11-213　右侧滑块冷却孔的效果图

图 11-214　左侧滑块冷却孔的效果图

07 利用【装配导航器】和【部件导航器】显示图 11-215 所示的结构。整套模具设计结果如图 11-216 所示。

图 11-215　显示部件

图 11-216　整套模具设计结果

第3篇 综合实例篇

　　本篇主要讲解手机各个部件的模具设计，包括第12章～第15章总共4章。其内容包括：手机中体模具设计、手机上盖模具设计、手机电池模具设计和手机壳体模具设计。

　　通过手机模具设计的学习，读者可以更深入地理解前面讲述的基础知识，并掌握模具设计的工程应用实践相关技巧，提高工程设计能力。

第 8 篇 综合实例篇

第 **12** 章

手机中体模具设计

该塑件是手机中体，模具分型的难度
适中，适合入门练习。塑件上的通孔和缺
口都比较规则，用一般的修补方法就可以
修补。分型面是曲面，在分型面上有凸起，
当用 Mold Wizard 创建分型线时应放置过
渡点。

- 初始设置
- 分型设计
- 辅助设计

12.1　初始设置

在开始手机中体模具设计前，要进行一些初始设置，包括装载产品并初始化、定位模具坐标系的设置、定义成型工件、定义布局等。

12.1.1　装载产品并初始化

01 单击【注塑模向导】选项卡中的【项目初始化】按钮 ，弹出【打开】对话框，如图 12-1 所示。选择手机中体产品文件：光盘目录\yuanwenjian\12\sjzt.prt，单击【OK】按钮。

图 12-1　【打开】对话框

加载的手机中体示意图如图 12-2 所示。

02 在弹出的【初始化项目】对话框中，设置【项目单位】为毫米，改变项目路径，创建 sjzt 文件夹。设置【材料】为 PC+%10GF，【收缩】为 1.0035，如图 12-3 所示。

03 单击【确定】按钮，完成产品装载。此时，在【装配导航器】中显示系统自动产生的模具装配结构，如图 12-4 所示。

图 12-2　手机中体示意图

267

图 12-3　【初始化项目】对话框

图 12-4　模具装配结构图

12.1.2　设定模具坐标系

01 选择【菜单】→【格式】→【WCS】→【原点】命令，弹出【点】对话框，如图 12-5 所示。选择图 12-6 所示的端点，其移动效果如图 12-7 所示。单击【确定】按钮。

图 12-5　【点】对话框　　　　图 12-6　选择端点　　　　图 12-7　坐标原点移动效果

02 选择【菜单】→【格式】→【WCS】→【旋转】命令，系统弹出【旋转 WCS 绕】对话框，如图 12-8 所示。设置绕 ZC 轴正方向旋转，由 XC 轴转向 YC 轴，角度为 90°，单击【应用】后再单击【确定】按钮。旋转结果如图 12-9 所示。

图 12-8 【旋转 WCS 绕】对话框　　　　　　　　图 12-9 旋转坐标系结果

03 单击【注塑模向导】选项卡【主要】面板上的【模具坐标系】按钮，弹出【模具 CSYS】对话框，如图 12-10 所示。在【模具 CSYS】对话框中，选中【当前 WCS】选项，单击【确定】按钮，系统会自动把模具坐标系放在坐标系原点上，完成模具坐标系的设置，如图 12-11 所示。

图 12-10 【模具 CSYS】对话框　　　　　　　　图 12-11 选定模具坐标系

📖12.1.3　设置成型工件

01 单击【注塑模向导】选项卡【主要】面板上的【工件】按钮，系统弹出【工件】对话框，如图 12-12 所示。选择【用户定义的块】工件方法。

02 在定义类型下拉列表中选择【参考点】，设置 X、Y、Z 轴的距离如图 12-12 所示，单击【确定】按钮，工件设置的结果如图 12-13 所示。

⚠ 注意

　　由于该模中有侧抽芯辅助成型，适宜采用一模一腔，因此不需要进行布局。这对于制品的精度也会提高。

图 12-12 【工件】对话框　　　　　　　　图 12-13 工件设置结果

12.1.4 定义布局

01 单击【注塑模向导】选项卡【主要】面板上的【型腔布局】按钮，打开图 12-14 所示的【型腔布局】对话框。在【型腔布局】对话框的【布局类型】选项组中选择【矩形】和【平衡】，【腔型数】设置为 2，【间隙距离】设置为 0。

02 在【型腔布局】对话框中单击【自动对准中心】按钮，然后单击【关闭】按钮退出对话框。结果如图 12-15 所示。

图 12-14 【型腔布局】对话框　　　　　　图 12-15 成型工件

12.2　分型设计

在分型设计里面首先完成产品模型的修补工作，然后进行分型线和分型面的设计，最后生成型芯和型腔。

12.2.1　实体修补

01 单击【注塑模向导】选项卡【注塑模工具】面板上的【创建方块】按钮，弹出【创建方块】对话框，如图 12-16 所示。

02 设置【间隙】的值为 0.5，依次选择图 12-17 所示的边，单击【确定】按钮，创建图 12-18 所示的实体。

03 单击【注塑模向导】选项卡【注塑模工具】面板上的【分割实体】按钮，弹出【分割实体】对话框，如图 12-19 所示。

图 12-16　【创建方块】对话框　　　　图 12-17　选择边　　　图 12-18　创建的实体

04 选择图 12-20 所示的曲面，观察修剪方向是否正确。本例中修剪方向不正确，单击【反向】按钮，完成内侧的剪切。同理，选择其他曲面修剪实体，结果如图 12-21 所示。

05 单击【主页】选项卡【直接草图】面板上的【草图】按钮，系统弹出【创建草图】对话框，然后在绘图区选择图 12-22 所示的平面为草绘平面，单击鼠标中键进入草绘界面，绘制如图 12-23 所示的草图。在键盘上按 Ctrl+Q 组合键退出草绘界面。

06 单击【主页】选项卡【特征】面板上的【拉伸】按钮 **_**，系统弹出【拉伸】对话框，在绘图区选择刚才创建的草图，然后按照如图 12-24 所示设置【拉伸】对话框，最后单击【确定】完成拉伸操作，结果如图 12-25 所示。

图 12-19　【分割实体】对话框

图 12-20　选择曲面

图 12-21　修剪效果图

图 12-22　选择草绘平面

图 12-23　绘制草图

图 12-24　【拉伸】对话框

图 12-25　拉伸结果

07 单击【主页】选项卡【同步建模】面板上的【替换面】按钮 ，系统弹出【替换面】对话框，如图 12-26 所示。在绘图区选择图 12-27 所示的替换面，单击中键确定，并在绘图区选择要替换面，然后在对话框中单击【应用】按钮，完成面替换操作，结果如图 12-28 所示。

08 应用 **07** 同样的方法选择图 12-29 所示的替换面和要替换面，替换结果如图 12-30 所示。

图 12-26　【替换面】对话框

图 12-27　选择要替换面和替换面

图 12-28　替换结果

图 12-29　选择替换面和要替换面

图 12-30　面替换结果

09 应用 **07** 同样的方法选择图 12-31 所示的替换面和要替换面，替换面结果如图 12-32 所示。

10 将创建的实体修剪至图 12-33 所示即可。

图 12-31　选择替换面和要替换面

图 12-32　替换面结果

图 12-33　最终结果

11 单击【主页】选项卡【直接草图】面板上的【草图】按钮，系统弹出【创建草图】对话框，在绘图区中选择图 12-34 所示的平面为草绘平面，单击鼠标中键进入草绘界面，绘制图 12-35 所示的草图。按 Ctrl+Q 组合键退出草绘界面。

图 12-34　选择草绘平面

图 12-35　绘制草图

12 单击【主页】选项卡【特征】面板上的【拉伸】按钮，系统弹出【拉伸】对话框，在绘图区选择刚才创建的草图，然后按照图 12-36 所示设置【拉伸】对话框，最后单击【确定】完成拉伸操作，结果如图 12-37 所示。

图 12-36　【拉伸】对话框

图 12-37　拉伸结果

13 单击【主页】选项卡【同步建模】面板上的【替换面】按钮，系统弹出【替换面】对话框，在绘图区选择图 12-38 所示的要替换面，并在绘图区选择替换面，单击【应用】按钮，完成面替换操作，结果如图 12-39 所示。

图 12-38　选择替换面和要替换面

图 12-39　替换结果

(14) 应用 **(13)** 同样的方法修剪创建的实体，结果如图 12-40 所示。

(15) 单击【主页】选项卡【直接草图】面板上的【草图】按钮，系统弹出【创建草图】对话框，在绘图区中选择图 12-41 所示的平面为草绘平面，单击鼠标中键进入草绘界面，应用【投影曲线】功能绘制图 12-42 所示的草图。

选择面

图 12-40　最终修剪结果　　　　图 12-41　选择草绘平面　　　　图 12-42　绘制草图

(16) 应用【偏置曲线】功能绘制图 12-43 所示的草图，偏置距离为 0.5，然后删除源曲线。按 Ctrl+Q 组合键退出草绘界面。

(17) 单击【主页】选项卡【特征】面板上的【拉伸】按钮，系统弹出【拉伸】对话框，在绘图区选择刚才创建的偏置曲线草图，然后按照图 12-44 所示设置【拉伸】对话框，最后单击【确定】完成拉伸操作，结果如图 12-45 所示。

距离 0.5

偏置曲线

图 12-43　绘制曲线

图 12-44　【拉伸】对话框

(18) 单击【主页】选项卡【同步建模】面板上的【替换面】按钮，系统弹出【替换面】对话框，在绘图区选择图 12-46 所示的要替换面，单击中键确定，在绘图区中选择替换面，然后在对话框中单击【应用】按钮，完成面替换操作，结果如图 12-47 所示。

19 应用与 **18** 同样的方法对刚才创建的实体进行面替换操作，替换结果如图12-48 所示。

图 12-45　拉伸实体

图 12-46　选择替换面和要替换面

图 12-47　替换结果

图 12-48　实体面替换结果

20 单击【主页】选项卡【直接草图】面板上的【草图】按钮，系统弹出【创建草图】对话框，在绘图区选择如图 12-49 所示的平面为草绘平面，单击中键进入草绘界面，绘制如图 12-50 所示的草图。按 Ctrl+Q 组合键退出草绘界面。

图 12-49　选择草绘平面

图 12-50　绘制草图

21 单击【主页】选项卡【特征】面板上的【拉伸】按钮，系统弹出【拉伸】对话框，在绘图区选择刚才创建的草图，然后按照图 12-51 所示设置【拉伸】对话框，在绘图区选择图 12-52 所示的延伸对象，最后单击【确定】完成拉伸操作，结果如图 12-53 所示。

图 12-51　【拉伸】对话框

图 12-52　选择延伸对象

22 单击【主页】选项卡【同步建模】面板上的【替换面】按钮，系统弹出【替换面】对话框，然后在绘图区选择图 12-54 所示的替换面，单击鼠标中键确定，在绘图区选择要替换面，然后在对话框中单击【应用】按钮，完成面替换操作，结果如图 12-55 所示。

图 12-53　拉伸结果

图 12-54　选择替换面和要替换面

23 应用 **22** 同样的方法进行面替换操作，直到替换结果如图 12-56 所示。

图 12-55　替换结果

图 12-56　最终替换结果

24 单击【注塑模向导】选项卡【注塑模工具】面板上的【实体补片】按钮，系统弹出【实体补片】对话框，如图 12-57 所示，在绘图区选择手机中体参考模型为目标体，单击鼠标中键确定，然后再选择前面创建的所有实体为工具体进行实体补片，结果如图 12-58 所示。

图 12-57　【实体补片】对话框

图 12-58　实体修补结果

12.2.2　曲面补片

01 选择【菜单】→【插入】→【曲线】→【基本曲线】命令，系统弹出【基本曲线】对话框，在对话框中选择【直线】按钮，取消【线串模式】复选按钮的选择，如图 12-59 所示，然后用直线功能绘制图 12-60 所示的线段。

图 12-59　【基本曲线】对话框

图 12-60　绘制直线

02 单击【曲面】选项卡【曲面】面板下的【N 边曲面】按钮，系统弹出【N 边曲面】对话框，按图 12-61 所示设置，然后在绘图区制品上选择图 12-62 所示的边，单击【确定】按钮即可完成边界面的创建，如图 12-63 所示。

图 12-61　【N边曲面】对话框

选择边

图 12-62　选择边

N边曲面

图 12-63　创建平面

03　单击【曲面】选项卡【曲面】面板上的【扫掠】按钮，系统弹出【扫掠】对话框，如图 12-64 所示。在绘图区选择第一截面线串，单击鼠标中键确定，接着选择第二截面线串并单击鼠标中键。单击【引导线】栏中的选择曲线项，选择第一引导线，单击鼠标中键，再选择第二引导线，单击鼠标中键，接着选择第三引导线并单击中键确定。在选择截面线串和导引线的时候要注意各自方向的一致性，如图 12-65 所示。单击【确定】按钮，得到扫略曲面，如图 12-66 所示。

图 12-64　【扫掠】对话框

图 12-65　选择截面与引导线

扫掠曲面

图 12-66　扫掠曲面

04 单击【曲面】选项卡【曲面工序】面板上的【缝合】按钮📖，系统弹出【缝合】对话框，如图 12-67 所示。在绘图区选择上面创建的曲面，然后单击【确定】按钮，完成片体的缝合，结果如图 12-68 所示。

图 12-67　【缝合】对话框

图 12-68　缝合后的曲面

05 单击【注塑模向导】选项卡【注塑模工具】面板上的【编辑分型面和曲面补片】按钮🖌，系统弹出图 12-69 所示的【编辑分型面和曲面补片】对话框，在绘图区选择刚才缝合的曲面，单击【确定】按钮，创建修补片体，如图 12-70 所示。

图 12-69　【编辑分型面和曲面补片】对话框

图 12-70　创建修补的片体

📖12.2.3　修补片体

01 单击【注塑模向导】选项卡【分型刀具】面板上的【曲面补片】按钮◈，系统弹出【边修补】对话框，如图 12-71 所示。在【类型】中选择【面】。

02 选择图 12-72 所示的选择面 1，系统自动选择环并添加到环列表中，然后单击【确定】按钮，修补后的片体如图 12-73 所示。

同理选择如图 12-72 所示的选择面 2 进行曲面修补。

图 12-71　【边修补】对话框

图 12-72　选择曲面

图 12-73　修补片体

12.2.4　创建分型线

01 单击【注塑模向导】选项卡【分型刀具】面板上的【设计分型面】按钮，弹出图 12-74 所示的【设计分型面】对话框，单击【编辑分型线】栏中的【选择分型线】，在视图上选择实体的底面边线，如图 12-75 所示。这时系统会提示警报分型线环没有封闭。

图 12-74　【设计分型面】对话框

图 12-75　选择边

281

02 选择如图 12-76 所示的其他底面边线，单击【应用】按钮，自动生成图 12-77 所示的分型线。

图 12-76　选择分型线

图 12-77　分型线

03 单击【注塑模向导】选项卡【分型刀具】面板上的【设计分型面】按钮，弹出图 12-78 所示的【设计分型面】对话框，在【编辑分型段】中单击【选择分型或引导线】，在图 12-79 所示选择点处创建引导线，将分型线分为 4 个段，单击【确定】按钮，创建的引导线如图 12-80 所示。

图 12-78　【设计分型面】对话框

图 12-79　选择点

图 12-80　创建引导线

12.2.5　创建分型面

01 单击【注塑模向导】选项卡【分型刀具】面板上的【设计分型面】按钮，在弹出的【设计分型面】对话框【分型段】列表中选择【分段 3】，如图 12-81 所示。在【创建分型面】栏中选中【拉伸】选项，采用默认拉伸方向，用鼠标拖动【曲面延伸距离】标志，调节曲面延伸距离，使分型面的拉伸长度大于工件的长度，然后单击【应用】按钮。

02 在【设计分型面】对话框【分型段】列表中选择【分段 2】，如图 12-82 所示。在【创建分型面】栏中选中【拉伸】选项，采用默认拉伸方向，用鼠标拖动【曲面延伸

距离】标志，调节曲面延伸距离，使分型面的拉伸长度大于工件的长度。然后单击【应用】
按钮，拉伸结果如图 12-83 所示。

图 12-81　选择分型段 3

图 12-82　选择分型段 2

03 在【设计分型面】对话框中【分型段】列表中选择分段 1，如图 12-84 所示。在
【创建分型面】栏中选中【拉伸】选项，采用默认拉伸方向，用鼠标拖动【曲面延伸距
离】标志，调节曲面延伸距离，使分型面的拉伸长度大于工件的长度。然后单击【应用】
按钮，拉伸结果如图 12-85 所示。

图 12-83　拉伸结果

图 12-84　选择分型段 1

图 12-85　拉伸结果

04 在【设计分型面】对话框【分型段】列表中选择【分段 4】，如图 12-86 所示。在【创建分型面】栏中选中【有界平面】选项 ，用鼠标拖动滑块，使分型面的拉伸长度大于工件的长度。单击【确定】按钮，分型面创建结果如图 12-87 所示。

图 12-86 选择分型段 4

图 12-87 分型面创建结果

12.2.6 创建型芯和型腔

01 单击【注塑模向导】选项卡【分型刀具】面板上的【检查区域】按钮，在弹出的图 12-88 所示的【检查区域】对话框里，选中【保持现有的】选项，选择脱模方向为 ZC 轴，单击【计算】按钮。选择【区域】选项卡（见图 12-89），将未定义的面定义为型芯区域和型腔区域。

02 单击【注塑模向导】选项卡【分型刀具】面板上的【定义区域】按钮，系统弹出【定义区域】对话框，如图 12-90 所示，选择【所有面】选项，勾选【创建区域】复选框，单击【确定】按钮，定义型芯和型腔区域。

03 单击【注塑模向导】选项卡【分型刀具】面板上的【定义型芯和型腔】按钮，系统弹出【定义型腔和型芯】对话框，如图 12-91 所示。选择【所有区域】选项，单击【确定】按钮，系统弹出【查看分型结果】对话框，同时生成如图 12-92 所示的型腔和如图 12-93 所示的型芯。

图 12-88 【检查区域】对话框　　图 12-89 【区域】选项卡　　图 12-90 【定义区域】对话框

图 12-91 【定义型腔和型芯】对话框　　图 12-92 型腔　　图 12-93 型芯

12.3 辅助设计

在完成分型设计后，为了完成完整的模具设计，需要设计一些辅助系统，包括模架设计、浇注系统设计、顶杆设计等。

12.3.1　添加模架

01 单击【注塑模向导】选项卡【主要】面板上的【模架库】按钮 ，弹出【重用库】对话框和【模架库】对话框，在【名称】列表中选择【HASCO_E】模架，在【成员选择】列表中选择【Type1（F2M2）】，在【详细信息】中设置 index 为 196×296，如图 12-94 所示，单击【应用】按钮。

02 改变视图方向，可以看到模架上、下板的厚度与型芯尺寸不匹配。在【详细信息】中的【AP_h】中设模板的厚度为 46，在【BP_h】中设模板的厚度为 27，如图 12-95 所示。

图 12-94　设置模架　　　　　　　　　　图 12-95　上、下模板参数设置

03 单击【旋转模架】按钮 ，旋转模架。单击【确定】按钮，完成的模架效果如图 12-96 所示。

图 12-96　模架效果图

12.3.2 添加标准件

01 单击【注塑模向导】选项卡【主要】面板上的【标准件库】按钮，弹出【重用库】对话框和【标准件管理】对话框。在【名称】中选择【HASCO_MM】→【Locating Ring】，在【成员选择】中选择【K100[Locating_Ring]】，在【详细信息】中设置d1为100、h1的值为8，h2的值为4，如图12-97所示。

02 单击【确定】按钮，加入定位环，如图12-98所示。

图 12-97 定位环设置

图 12-98 加入定位环

03 单击【注塑模向导】选项卡【主要】面板上的【标准件库】按钮，弹出【重用库】对话框和【标准件管理】对话框。在【名称】中选择【HASCO_MM】→【Injection】，在【成员选择】中选择【Z50 [Sprue Bushing]】。

04 在【详细信息】中设置d2为18，1为40，如图12-99所示。单击【确定】按钮，将主流道加入到模具装配中，如图12-100所示。

05 单击【注塑模向导】选项卡【主要】面板上的【标准件库】按钮，弹出【重用库】对话框和【标准件管理】对话框。在【名称】中选择【DME_MM】→【Ejection】，在【成员选择】中选择【Ejector Pin[Straight]】，在【详细信息】中设置CATALOG_DIA的值为2，选择CATALOG_LENGTH的值为125，如图12-101所示。

06 单击【确定】按钮，弹出【点】对话框，依次设置基点坐标，如图 12-102～图12-106所示。单击【确定】按钮。

07 单击【取消】按钮退出【点】对话框，添加顶杆的效果如图12-107所示。

图 12-99　主流道参数选择

图 12-100　加入主流道

图 12-101 顶杆参数设置

图 12-102　第一基点

图 12-103　第二基点

图 12-104　第三基点

图 12-105　第四基点

图 12-106　第五基点

图 12-107　添加顶杆结果

12.3.3　顶杆后处理

01 单击【注塑模向导】选项卡【主要】面板上的【顶杆后处理】按钮 ，弹出【顶杆后处理】对话框，如图 12-108 所示，选择【调整长度】类型，在【目标】栏的列表中选择已经创建的待处理的顶杆。

02 在【工具】栏中接受默认的修边部件，即型芯修剪片体（CORE_TRIM_SHEET），然后单击【确定】按钮，完成对顶杆的剪切，如图 12-109 所示。

12.3.4　添流道与加浇口

01 流道设计。

❶单击【注塑模向导】选项卡【主要】面板上的【流道】按钮 ，系统弹出图 12-110

所示的【流道】对话框。将【截面类型】设置为 Circular(圆形)， D 设置为 8。

图 12-108　【顶杆后处理】对话框

图 12-109　修剪结果

图 12-110　【流道】对话框

❷单击【绘制截面】按钮，弹出【创建草图】对话框，选择平面方法为【创建平面】，在【指定平面】下拉列表中选择"XC-YC"平面，在图 12-111 所示的图中输入距离为 18，单击【确定】按钮，进入草图绘制环境。

❸绘制图 12-112 所示的草图，单击【完成】按钮，完成草图绘制。

❹单击【确定】按钮，创建分流道的结果如图 12-113 所示。

02 浇口设计。

❶单击【注塑模向导】选项卡【主要】面板上的【浇口库】按钮，弹出【浇口设计】对话框，在【平衡】选项中选择【是】，在【位置】选项中选择【型芯】，如图 12-114 所示。

在【类型】下拉列表中选择【pin point】。更改【BHT】的尺寸为12，单击回车键。

图 12-111　设置草绘平面

图 12-112　绘制草图

图 12-113　分流道图

❷单击【浇口点表示】按钮，弹出【浇口点】对话框，如图 12-115 所示。

❸单击【浇口点】对话框中的【点在面上】按钮，弹出【面选择】对话框，如图 12-116 所示。

图 12-114　【浇口设计】对话框　　　图 12-115　【浇口点】对话框　　　图 12-116　【面选择】对话框

❹选择图 12-117 所示的面，弹出【Point Move on Face】对话框，在该对话框中选中【XYZ value】，设置 X 的坐标值为 0、Y 的坐标为 0，Z 坐标保持默认，如图 12-118 所示。单击【确定】按钮，建立浇口点并返回【浇口点】对话框。

图 12-117　选择浇口放置面　　　　　图 12-118　【Point Move on Face】对话框

❺单击【浇口点】对话框上的【确定】按钮，返回【浇口设计】对话框，单击【应用】按钮，弹出【点】对话框。选择【现有点】类型，选择建立的浇口点，弹出【矢量】对话框，如图 12-119 所示。

❻在【矢量】对话框中选择 ZC 负方向，单击【确定】按钮，加入浇口，如图 12-120 所示，并返回【浇口设计】对话框。

图 12-119　【矢量】对话框　　　　　　图 12-120　加入浇口

❼浇口位置有偏差，单击【重定位浇口】按钮，弹出【REPOSITION】（重定位）对话框，对其按图 12-121 所示设置。单击【确定】按钮即可完成浇口重定位，结果如图 12-122 所示。

❽应用同样的方法添加另一端的浇口，结果如图 12-123 所示。

图 12-121【重定位】对话框　　　图 12-122　添加浇口　　　　图 12-123　添加另一端浇口

📖12.3.5　建立腔体

单击【注塑模向导】选项卡【主要】面板上的【腔体】按钮📇，系统弹出【腔体】对话框，如图 12-124 所示。选择模具的模板、型腔和型芯为目标体，选择建立的定位环、主流道、浇口、顶杆等为工具体，然后在对话框中单击【确定】按钮建立腔体，模具整体如图 12-125 所示。

图 12-124　【腔体】对话框

图 12-125　模具整体

第 **13** 章

手机上盖模具设计

该塑件是手机上盖，模具分型的难度较大。塑件上的通孔和缺口比较多，凹槽的修补也需要一定的顺序和技巧，并且在分型的时候还要考虑转轴滑块的抽取方向。

- ◉ 初始设置
- ◉ 分型设计
- ◉ 辅助设计

13.1 初始设置

在开始手机上盖模具设计时，要进行一些初始的设置，包括装载产品并初始化、定位模具坐标系的设置、定义成型工件、定义布局等。

13.1.1 装载产品并初始化

01 单击【注塑模向导】选项卡中的【项目初始化】按钮，弹出【打开】对话框，选择手机上盖产品文件：光盘目录\yuanwenjian\13\sjsg.prt。单击【OK】按钮。

02 在弹出的【初始化项目】对话框中设置【项目单位】为毫米，改变项目路径，创建 sjsg 文件夹。设置【部件材料】为 PC+%10GF，设置【收缩】为 1.0035，如图 13-1 所示。

03 单击对话框中的【确定】按钮，完成产品装载。此时，在【装配导航器】中显示系统自动产生的模具装配结构。

加载的手机上盖模型如图 13-2 所示。

图 13-1 【初始化项目】对话框

图 13-2 手机上盖模型

13.1.2 设定模具坐标系

01 选择【菜单】→【格式】→【WCS】→【原点】命令，弹出【点】对话框，输入坐标点为（0，0，11.8），如图 13-3 所示，然后单击【确定】按钮完成坐标系设置，设置结果如图 13-4 所示。单击【取消】按钮退出坐标系设置。

02 单击【注塑模向导】选项卡【主要】面板上的【模具坐标系】按钮，弹出【模具 CSYS】对话框，选中【当前 WCS】选项，单击【确定】按钮，系统会自动把模具坐标系放在坐标系原点上，完成模具坐标系的设置，如图 13-5 所示。

图 13-3 【点】对话框

图 13-4 设置结果

图 13-5 完成模具坐标系设置

13.1.3 设置工件

01 单击【注塑模向导】选项卡【主要】面板上的【工件】按钮，系统弹出【工件】对话框，如图 13-6 所示。【工件方法】选择【用户定义的块】。

02 在【定义类型】下拉列表中选择【参考点】，设置 X、Y、Z 轴的距离如图 13-6 所示，单击【确定】按钮，工件的设置结果如图 13-7 所示。

注意

由于该模中有侧抽芯辅助成型，适宜采用一模一腔，因此不需要进行布局。

图 13-6　工件尺寸设置

图 13-7　工件设置结果

13.1.4　型腔布局

01 单击【注塑模向导】选项卡【主要】面板上的【型腔布局】按钮 ，打开图 13-8 所示的【型腔布局】对话框。在【型腔布局】对话框的【布局类型】选项组中选择【矩形】和【平衡】，【腔型数】设置为 2。

02 在【型腔布局】对话框中单击【自动对准中心】按钮 ，然后单击【关闭】按钮退出对话框，结果如图 13-9 所示。

图 13-8　【型腔布局】对话框

图 13-9　成型工件

13.2　分型设计

在分型设计里面首先要完成产品模型的修补工作，然后进行分型线和分型面的设计，最后生成型芯和型腔。

📖13.2.1　实体修补

01 单击【注塑模向导】选项卡【注塑模工具】面板上的【创建方块】按钮，弹出【创建方块】对话框，如图 13-10 所示。设置【间隙】的值为 0，依次选择如图 13-11 所示的不规则孔的两个平面，单击【确定】按钮，创建图 13-12 所示的结构实体。

02 单击【主页】选项卡【同步建模】面板上的【替换面】按钮，系统弹出【替换面】对话框，如图 13-13 所示，在绘图区选择图 13-14 所示的替换面，单击鼠标中键确定，并在绘图区选择要替换面，在对话框中单击【应用】按钮，完成面替换操作，结果如图 13-15所示。

图 13-10　【创建方块】对话框

图 13-11　选择平面

图 13-12　创建的结构实体

图 13-13　【替换面】对话框

图 13-14　选择替换面和要替换面

图 13-15　替换结果

03 应用与 **02** 同样的方法选择图 13-16 所示的替换面和要替换面，替换结果如图 13-17 所示。

图 13-16　选择替换面和要替换面

图 13-17　替换结果

04 单击【主页】选项卡【特征】面板上的【减去】按钮，系统弹出【求差】对话框，按照如图 13-18 所示设置参数，然后在绘图区选择刚才创建的目标体，以手机上盖为工具体，如图 13-19 所示。单击【确定】按钮完成求差操作，结果如图 13-20 所示。

图 13-18　【求差】对话框

图 13-19　选择目标体和工具体

图 13-20　求差结果

05 利用 **02** ～ **04** 所示的方法修补同一侧的其他缺口，修补结果如图 13-21 所示。

图 13-21　一侧修补结果

06 单击【主页】选项卡【直接草图】面板上的【草图】按钮，系统弹出【创建草图】对话框，在绘图区选择图 13-22 所示的平面为草绘平面，单击鼠标中键进入草绘界面，绘制如图 13-23 所示的草图。按 Ctrl+Q 组合键退出草绘界面。

07 单击【主页】选项卡【特征】面板上的【拉伸】按钮，系统弹出【拉伸】对话框，在绘图区选择刚才创建的草图，然后按照如图 13-24 所示设置参数，最后单击【确定】完成拉伸操作，结果如图 13-25 所示。

图 13-22　选择绘制草图平面 　　　　　　　　图 13-23　绘制草图

图 13-24　【拉伸】对话框

图 13-25　拉伸结果

08 单击【主页】选项卡【同步建模】面板上的【替换面】按钮，系统弹出【替换面】对话框，在绘图区选择如图 13-26 所示的要替换面，单击鼠标中键确定，在绘图区选择替换面，然后在对话框中单击【应用】按钮，完成面替换操作，结果如图 13-27 所示。

图 13-26　选择替换面和要替换面

图 13-27　替换结果

09 应用与 **07** 、 **08** 同样的方法创建实体并修剪，结果图 13-28 所示。

图 13-28　最终修剪结果

10 单击【主页】选项卡【直接草图】面板上的【草图】按钮，系统弹出【创建草图】对话框，在绘图区选择图 13-29 所示的平面为草绘平面，单击中键进入草绘界面，应用【投影曲线】功能绘制图 13-30 所示的草图。按 Ctrl+Q 组合键退出草绘界面。

图 13-29　选择草绘平面　　　　　　　　　　图 13-30　绘制草图

11 单击【主页】选项卡【特征】面板上的【拉伸】按钮，系统弹出【拉伸】对话框，在绘图区选择刚才创建的偏置曲线草图，然后按照如图 13-31 所示设置参数，在绘图区选择图 13-32 所示的指定对象，最后单击【确定】完成拉伸操作，结果如图 13-33 所示。

图 13-31　【拉伸】对话框　　　　　　图 13-32　选定对象　　　　　　图 13-33　拉伸实体

12 应用与 **10** 、 **11** 同样的方法在其他反扣区域创建实体修补块，创建结果如图
13-34 所示。

13 单击【主页】选项卡【特征】面板上【更多】库下的【镜像几何体】按钮 🔧，系
统弹出【镜像几何体】对话框，如图 13-35 所示，在绘图区中选择手机上盖一侧修补的实
体为要镜像的体，然后再选择【XC-ZC 平面】为镜像平面，如图 13-36 所示，单击【确定】
按钮完成镜像操作，结果如图 13-37 所示。

图 13-34　创建修补实体　　　　　　　　　　图 13-35　【镜像几何体】对话框

图 13-36　选择镜像体和镜像平面　　　　　　图 13-37　镜像实体结果

14 通过【部件导航器】隐藏前面创建的修补实体。

15 对转轴端进行实体修补。应用【创建方块】、【拉伸】以及【替换面】命令创建如
图 13-38、13-39 所示的实体补块。

图 13-38　实体补块一　　　　　　　　　　　图 13-39　实体补块二

16 通过【部件导航器】显示所有隐藏的实体块。单击【注塑模向导】选项卡【注塑模
工具】面板上的【实体补片】按钮 🔧，系统弹出【实体补片】对话框，如图 13-40 所示。在绘
图区选择手机上盖参考模型为目标体，单击鼠标中键确定，然后再选择前面创建的所有实体为

修补体进行实体补片，如图 13-41 所示。单击【确定】按钮，结果如图 13-42 所示。

图 13-40　【实体补片】对话框

图 13-41　选择产品体和修补实体

图 13-42　实体补片结果

17 对前端实体进行修补。单击【主页】选项卡【直接草图】面板上的【草图】按钮
，系统弹出【创建草图】对话框，在绘图区选择图 13-43 所示的平面为草绘平面，单击
鼠标中键进入草绘界面，应用【投影曲线】功能绘制图 13-44 所示的草图。按 Ctrl+Q 组合
键退出草绘界面。

图 13-43　选择草绘平面

图 13-44　绘制草图

18 单击【主页】选项卡【特征】面板上的【拉伸】按钮，系统弹出【拉伸】对话
框，在绘图区选择刚才创建的草图，然后按照图 13-45 所示设置参数，在绘图区选择如图
13-45 所示曲面为指定对象，最后单击【确定】完成拉伸操作，结果如图 13-46 所示。

19 创建凹槽修补块。单击【主页】选项卡【直接草图】面板上的【草图】按钮，
系统弹出【创建草图】对话框，在绘图区选择图 13-47 所示的平面为草绘平面，单击鼠标
中键进入草绘界面，应用【投影曲线】功能绘制图 13-48 所示的草图。按 Ctrl+Q 组合键退
出草绘界面。

图 13-45　拉伸设置

图 13-46　拉伸实体

图 13-47　草绘平面

图 13-48　绘制草图

20 单击【主页】选项卡【特征】面板上的【拉伸】按钮 ，系统弹出【拉伸】对话框，在绘图区选择刚才创建的草图，然后按照图 13-49 所示设置参数，在绘图区选择图 13-50所示的拉伸对象，最后单击【确定】完成拉伸操作，结果如图 13-51 所示。

21 单击【主页】选择卡【同步建模】面板上的【替换面】按钮 ，系统弹出【替换面】对话框，然后在绘图区选择刚才创建的实体条的外侧表面为目标面，单击鼠标中键确定。在绘图区选择相邻手机上盖表面为工具面，然后在对话框中单击【应用】按钮，完成面替换操作，结果如图 13-52 所示。

22 单击【主页】选项卡【直接草图】面板上的【草图】按钮 ，系统弹出【创建草图】对话框，在绘图区选择与步骤 **19** 相同的平面为草绘平面，单击鼠标中键进入草绘界

UG NX 10.0

面，应用【投影曲线】功能绘制图 13-53 所示的草图。按 Ctrl+Q 组合键退出草绘界面。

图 13-49　【拉伸】对话框

图 13-50　选择拉伸对象

修补实体

图 13-51　修补实体块

面替换结果

图 13-52　面替换结果图

㉓ 单击【主页】选项卡【特征】面板上的【拉伸】按钮 ，系统弹出【拉伸】对话框，在绘图区选择刚才创建的草图，然后按照图 13-54 所示设置参数，在绘图区选择图 13-55 所示的延伸对象，最后单击【确定】完成拉伸操作，结果如图 13-56 所示。

草图

图 13-53　绘制投影草图

图 13-54　【拉伸】对话框

图 13-55 选择延伸对象　　　　　　　　　　图 13-56 拉伸结果

24 单击【主页】选项卡【特征】面板上【更多】库下的【镜像几何体】按钮，系统弹出【镜像几何体】对话框，在绘图区选择手机上盖一侧凹槽修补的实体为要镜像的体，然后再选择【XC-ZC 平面】为镜像平面，如图 13-57 所示，单击【确定】按钮完成镜像操作，结果如图 13-58 所示。

图 13-57 选择镜像体和镜像平面　　　　　　图 13-58 镜像结果

25 单击【注塑模向导】选项卡【注塑模工具】面板上的【实体补片】按钮，系统弹出【实体补片】对话框，在绘图区选择手机中体参考模型为产品体，单击鼠标中键确定，然后再选择前面创建的凹槽修补实体为补片体进行实体补片，结果如图 13-59 所示。

图 13-59 实体补片结果

13.2.2 拆分曲面

01 创建距离【XC-YC 平面】为 11.8 的基准平面。

02 单击【注塑模向导】选项卡【注塑模工具】面板上的【拆分面】按钮，系统弹出【拆分面】对话框，如图 13-60 所示，在【类型】下拉列表中选择"平面/面"类型，然后在绘图区选择如图 13-61 所示的曲面为分割曲面，在绘图区选择新建的基准面为拆分面，单击【确定】按钮完成拆分，结果如图 13-61 所示。

图 13-60　【拆分面】对话框

选择曲面

图 13-61　选择要拆分的面

03 选择【菜单】→【插入】→【曲线】→【基本曲线】命令，绘制图 13-62 所示的直线。

04 单击【注塑模向导】选项卡【注塑模工具】面板上的【拆分面】按钮，系统弹出【拆分面】对话框，在【类型】下拉列表中选择【曲线/边】类型，然后在绘图区选择图 13-63 所示的曲面为分割曲面，接着在绘图区选择如图 13-64 所示的直线为拆分工具，单击【应用】按钮完成拆分，面拆分结果如图 13-65 所示。

绘制直线

图 13-62　绘制直线

图 13-63　选择要拆分的面

选择直线

图 13-64　选择拆分直线

面拆分结果

图 13-65　面拆分结果

05 单击【注塑模向导】选项卡【注塑模工具】面板上的【拆分面】按钮，系统弹出【拆分面】对话框，然后在绘图区选择图 13-66 所示的曲面为分割曲面，在绘图区选择图 13-67 所示的直线为拆分工具，单击【应用】按钮完成拆分。面拆分结果如图 13-68 所示。

06 单击【注塑模向导】选项卡【注塑模工具】面板上的【拆分面】按钮，系统弹出【拆分面】对话框，然后在绘图区选择如图 13-69 所示的曲面为分割曲面，在绘图区选择图 13-70 所示的直线为拆分工具，单击【应用】按钮完成拆分。面拆分结果如图 13-71 所示。

07 应用 **03** - **06** 同样的方法拆分手机上盖另外一侧的曲面。拆分结果如图

13-72 所示。

图 13-66　选择要拆分的面

图 13-67　选择拆分直线

图 13-68　拆分结果

图 13-69　选择要拆分的面

图 13-70　选择拆分直线

图 13-71　面拆分结果

图 13-72　另一侧拆分结果

注意

在手机上盖前端圆弧曲面进行拆分的时候采用了基准平面，这是考虑到分型线的选择要取截面最大处，而基准平面的设置是与项目初始化坐标系设置相关的，所以在坐标设置中应充分考虑后面的设计需要。

13.2.3　创建分型线

01 单击【注塑模向导】选项卡【分型刀具】面板上的【设计分型面】按钮，弹出图 13-73 所示的【设计分型面】对话框，单击【分型线】栏中的【选择分型线】，在视图上选择图 13-74 所示的线，系统自动选择分型线，并提示警报分型线环没有封闭。

图 13-73 【设计分型面】对话框

图 13-74 选择曲线

02 依次选择零件外沿线作为分型线，当分型线封闭后，单击【确定】按钮，结果如图 13-75 所示。

03 单击【注塑模向导】选项卡【分型刀具】面板上的【设计分型面】按钮，弹出图 13-76 所示的【设计分型面】对话框，在【编辑分型段】中单击【选择分型或引导线】，在图 13-77 所示选择点处创建引导线，单击【确定】按钮，创建引导线，如图 13-78 所示。

图 13-75 分型线

图 13-76 【设计分型面】对话框

图 13-77　选择点

图 13-78　创建引导线

13.2.4　创建分型面

01 单击【注塑模向导】选项卡【分型刀具】面板上的【设计分型面】按钮，在弹出的【设计分型面】对话框中【分型段】列表中选择【分段 6】，如图 13-79 所示。在【创建分型面】栏中选中【拉伸】选项，采用默认拉伸方向，用鼠标拖动【曲面延伸距离】标志，调节曲面延伸距离，使分型面的拉伸长度大于工件的长度。然后单击【应用】按钮，选择分型段如图 13-80 所示。

02 系统自动选择【分段 1】，采用默认拉伸方向，如图 13-81 所示。单击【应用】按钮。

图 13-79　【设计分型面】对话框

图 13-80　选择分型段

03 系统自动选择【分段 2】，在【拉伸方向】栏中指定拉伸方向为 YC 轴，如图 13-82 所示。单击【应用】按钮。

04 按照同样的方法创建所有分型面，结果如图 13-83 所示。

图 13-81　选择分型段 1

图 13-82　选择分型段 2

图 13-83　分型面创建结果

📖13.2.5　设计区域

单击【注塑模向导】选项卡【分型刀具】面板上的【检查区域】按钮⬛，在弹出的【检查区域】对话框里选中【保持现有的】选项，选择脱模方向为 ZC 轴，单击【计算】按钮⬛。选择【区域】选项卡，如图 13-84 所示。将未定义的区域定义为型腔区域或型芯区域。

图 13-84　【检查区域】对话框

图 13-85　【定义区域】对话框

📖13.2.6　创建型芯和型腔

01 单击【注塑模向导】选项卡【分型刀具】面板上的【定义区域】按钮，系统弹出【定义区域】对话框，如图 13-85 所示。选择【所有面】选项，勾选【创建区域】复选框，单击【确定】按钮接受系统定义的型芯和型腔区域。

02 单击【注塑模向导】选项卡【分型刀具】面板上的【定义型芯和型腔】按钮，系统弹出【定义型腔和型芯】对话框，如图 13-86 所示。在【缝合公差】文本框中输入 0.1，然后选择【型腔区域】，同时绘图区抽取结果高亮显示，选择分型面，单击【应用】按钮，系统弹出【查看分型结果】对话框，如图 13-87 所示，同时生成如图 13-88 所示的型腔。单击【确定】按钮，返回【定义型腔和型芯】对话框。

03 在【定义型腔和型芯】对话框中选择【型芯区域】，同时绘图区抽取区域结果高亮显示，选择分型面，单击【确定】按钮，系统弹出【查看分型结果】对话框，同时生成如图 13-89 所示的型芯。

图 13-86 【定义型腔和型芯】对话框

图 13-87 【查看分型结果】对话框

图 13-88 型腔

图 13-89 型芯

13.3 辅助设计

在完成分型设计后，为了完成完整的模具设计，需要设计一些辅助系统，包括模架设计、浇注系统设计、顶杆设计和滑块设计等工作。

13.3.1 添加模架

01 单击【注塑模向导】选项卡【主要】面板上的【模架库】按钮 ，弹出【重用库】对话框和【模架库】对话框，在【名称】列表中选择【HASCO_E】模架，在【成员选择】列表中选择【Type1（F2M2）】，在【详细信息】中设置 index 为 196×296，如图 13-90 所示。单击【应用】按钮，装入模架。

02 改变视图方向，可以看到模架的上、下板的厚度与型芯尺寸不匹配。

03 在【模架库】对话框的【详细信息】的【AP_h】中选择模板的厚度为 46，在【BP_h】中选择模板的厚度为 36，如图 13-91 所示。

04 单击【旋转模架】按钮 ，旋转模架方向，单击【确定】按钮，完成的模架效果图如图 13-92 所示。

图 13-90　设置模架

图 13-91　上、下模板参数设置

图 13-92　模架效果图

13.3.2　添加标准件

01 单击【注塑模向导】选项卡【主要】面板上的【标准件库】按钮，弹出【重用库】对话框和【标准件管理】对话框。在【名称】列表中选择【HASCO_MM】→【Locating Ring】，在【成员选择】列表中选择【K100［Locating_Ring］，在【详细信息】栏中设置 d1 为 100，h1 为 8、h2 为 4，如图 13-93 所示。

02 单击【确定】按钮，加入定位环，如图 13-94 所示。

03 单击【注塑模向导】选项卡【主要】面板上的【标准件库】按钮，创建浇口套，弹出【重用库】对话框和【标准件管理】对话框。在【名称】列表中选择【HASCO_MM】→【Injection】，在【成员选择】列表中选择【Z50［Spruce bushing］】，在【详细信息】栏中设置为 d2 为 18、1 为 40，如图 13-95 所示。

图 13-93　定位环参数设置　　　　　　　　　　　　　图 13-94　加入定位环

图 13-95　主流道参数选择

04 单击【确定】按钮，将主流道加入到模具装配中，如图 13-96 所示。

05 单击【注塑模向导】选项卡【主要】面板上的【标准件库】按钮，弹出【重用库】对话框和【标准件管理】对话框。在【名称】列表中选择【DME_MM】→【Ejection】，在【成员选择】中选择【Ejector Pin[Straight]】，在【详细信息】栏中设置 CATALOG_DIA 为 2、CATALOG_LENGTH 为 125，如图 13-97 所示。

06 单击【确定】按钮，弹出【点】对话框，依次设置基点坐标，如图 13-98～图 13-103

所示。单击【确定】按钮设置点。

图 13-96　加入主流道

图 13-97　顶杆参数设置

图 13-98　第一基点

图 13-99　第二基点

图 13-100　第三基点

图 13-101　第四基点

图 13-102　第五基点

图 13-103　第六基点

GNX 10.0中文版模具设计从入门到精通

12，单击回车键。

02 单击【浇口点表示】按钮，弹出【浇口点】对话框，如图13-108所示。在【浇口点】对话框中单击【点在面上】按钮，弹出【面选择】对话框，如图13-109所示。

03 选择如图13-110所示的面，弹出【Point Move on Face】对话框，在该对话框中，选中【XYZ value】单选框，设置X的坐标值为0、Y的坐标为0，如图13-111所示。单击【确定】按钮，建立浇口点并返回到【浇口点】对话框。

UG NX 10.0

图13-107 【浇口设计】对话框

图13-108 【浇口点】对话框

图13-109 【面选择】对话框

图13-110 选择浇口放置面

04 在【浇口点】对话框上单击【确定】按钮，返回【浇口设计】对话框，单击【应用】按钮，弹出【点】对话框。选择【现有点】类型，选择上步建立的浇口点，弹出【矢量】对话框，如图13-112所示。

图 13-111 【Point Move on Face】对话框

图 13-112 【矢量】对话框

05 在【矢量】对话框中选择 ZC 负方向，单击【确定】按钮，加入浇口如图 13-113 所示，并返回【浇口设计】对话框。

图 13-113 加入浇口

13.3.5 添加滑块

01 通过导航栏显示如图 13-114 所示的部件。

02 选择【菜单】→【格式】→【WCS】→【原点】命令，系统弹出【点】对话框，如图 13-115 所示，在绘图区选择如图 13-116 所示的点，确定新的坐标系。

图 13-114 显示部件 图 13-115 【点】对话框 图 13-116 设置坐标原点

03 选择【菜单】→【格式】→【WCS】→【旋转】命令，系统弹出【旋转 WCS 绕…】对话框，如图 13-117 所示，单击对话框中的【-ZC 轴：YC→XC】单选按钮，在【角度】文本框中输入 90.000，单击【应用】按钮，然后单击【确定】按钮完成坐标系的旋转，结果如图 13-118 所示。

图 13-117　【旋转 WCS 绕…】对话框　　　　　　图 13-118　旋转坐标系

04 选择【菜单】→【分析】→【测量距离】命令，系统弹出【测量距离】对话框，如图 13-119 所示，测量当前坐标系原点到型芯边缘沿的距离，测量距离为 31.8543。

05 选择【菜单】→【格式】→【WCS】→【原点】命令，系统弹出【点】对话框，在【YC】文本框中输入-31.8543，如图 13-120 所示，然后单击【确定】按钮，完成坐标的平移，如图 13-121 所示。

图 13-119　【测量距离】对话框　　　图 13-120　【点】对话框　　　图 13-121　平移坐标系结果

06 单击【注塑模向导】选项卡【主要】面板上的【滑块和浮升销库】按钮，系统弹出【重用库】对话框和【滑块和浮升销设计】对话框，在【名称】列表中选择【SLIDER_LIFT】→【Slide】，在【成员选择】列表中选择【Push-Pull Slide】，在【详细信息】栏中设置 wide 为 20，如图 13-122 所示，然后单击【确定】按钮，创建滑块结果如图 13-123 所示。

07 在【装配导航器】中选择【sjsg_core_006】，将其设为当前工作部件。

08 单击【装配】选项卡【常规】面板上的【WAVE 几何链接器】按钮，系统弹出【WAVE 几何链接器】对话框，如图 13-124 所示，在【类型】栏中选择【体】，然后在绘图区部件中选择如图 13-125 所示的滑块体，单击【确定】按钮链接滑块体。

图 13-122　【重用库】对话框和【滑块和浮升销设计】对话框

图 13-123　创建滑块结果

09 在【装配导航器】中单击【sjsg_core_006】，在右键弹出菜单中选择【设为显示件】命令，显示如图 13-126 所示。

10 单击【主页】选项卡【特征】面板上的【拉伸】按钮，系统弹出【拉伸】对话框，在绘图区选择如图 13-127 所示的滑块端面为拉伸截面，进入草绘环境，然后应用投影功能绘制截面的边，然后单击【确定】按钮返回【拉伸】对话框，在【方向】栏中选择【-YC 轴】，然后在【结束】值【距离】文本框中输入 24，如图 13-128 所示，最后单击【确定】按钮完成拉伸，效果如图 13-129 所示。

11 单击【主页】选项卡【特征】面板上的【拉伸】按钮，系统弹出【拉伸】对话框，在绘图区选择如图 13-130 所示的滑块端面为拉伸截面，进入草绘环境，然后应用投影功能绘制截面的边，如图 13-131 所示，单击【确定】按钮并返回【拉伸】对话框，在【方向】栏中选择【YC轴】，然后在【结束】文本框中选择【直至选定】，如图13-132所示面，选择如图13-133所示的截面为拉伸参考，最后单击【确定】按钮完成拉伸，效果如图13-134所示。

图13-124　【WAVE几何连接器】对话框　　图13-125　选择滑块体　　图13-126　设置显示部件

图13-127　选择拉伸截面　　图13-128　【拉伸】对话框　　图13-129　拉伸效果

图13-130　选择拉伸截面　　　　　　　　　　图13-131　绘制草图

图 13-132　拉伸设置

图 13-133　选择限制对象截面

图 13-134　拉伸结果

12 单击【主页】选项卡【特征】面板上的【合并】按钮，系统弹出如图 13-135 所示的【合并】对话框，选择刚才创建的两个拉伸体作为【工具体】，选择滑块座为【目标体】，如图 13-136 所示，然后在对话框中选择【确定】按钮完成合并操作，结果如图 13-137 所示。

图 13-135　【合并】对话框

图 13-136　选择目标体和工具体

13 单击【主页】选项卡【特征】面板上的【减去】按钮，系统弹出如图 13-138 所示的【求差】对话框，选择滑块作为【工具体】，选择型芯作为【目标体】，如图 13-139 所示，然后在对话框中选择【确定】按钮完成求差操作，结果如图 13-140 所示。

图 13-137　合并结果

图 13-138　【求差】对话框

图 13-139　选择目标体与工具体

图 13-140　求差结果

14 在【装配导航器】中选择【sjsg_cavity_002】，确保其为当前工作部件。

15 单击【装配】选项卡【常规】面板上的【WAVE 几何链接器】按钮，系统弹出【WAVE 几何链接器】对话框，如图 13-141 所示，在【类型】栏中选择【体】，然后在绘图区部件中选择如图 13-142 所示的滑块合并体，单击【确定】按钮链接滑块体。

图 13-141　【WAVE 几何连接器】对话框

图 13-142　选择滑块体

16 单击【主页】选项卡【特征】面板上的【减去】按钮，系统弹出【求差】对

325

话框，选择滑块作为【工具体】，选择型腔作为【目标体】，如图 13-143 所示，然后在对话框中单击【确定】按钮完成求差操作，结果如图 13-144 所示。

图 13-143　选择目标体和工具体

图 13-144　求差结果

13.3.6　建立腔体

01 单击【注塑模向导】选项卡【主要】面板上的【腔体】按钮，系统弹出【腔体】对话框，如图 13-145 所示。

02 选择模具的模板、型腔和型芯为目标体，选择建立的定位环、主流道、浇口、顶杆等为工具体。

03 在对话框中单击【确定】按钮建立腔体。模具整体如图 13-146 所示。

图 13-145　【腔体】对话框

图 13-146　模具整体

第 **14** 章

手机电池模具设计

该塑件是手机电池，模具分型比较容易，采用一模一腔的方式进行分模，在设置完工件尺寸后可以直接进行分型。

- 初始设置
- 分型设计
- 辅助设计

14.1 初始设置

在开始手机电池模具设计时，要进行一些初始的设置，包括装载产品并初始化、定位模具坐标系的设置、定义成型工件、定义布局等工作。

14.1.1 装载产品并初始化

01 单击【注塑模向导】选项卡中的【项目初始化】按钮，弹出【打开】对话框，选择手机上盖产品文件：光盘目录\14\sjdc\sjdc.prt，单击【OK】按钮。

02 在弹出的【初始化项目】对话框中，设置【项目单位】为毫米，改变项目路径，创建 sjdc 文件夹。设置【材料】为 PC+%10GF，设置【收缩】为 1.0035，如图 14-1 所示。

03 单击对话框中的【确定】按钮，完成产品装载。此时，在【装配导航器】中显示系统自动产生的模具装配结构。

加载的手机电池模型如图 14-2 所示。

图 14-1 【初始化项目】对话框　　　　　　　图 14-2 手机电池模型

14.1.2 设定模具坐标系

单击【注塑模向导】选项卡【主要】面板上的【模具坐标系】按钮，打开【模具 CSYS】对话框，如图 14-3 所示。在【模具 CSYS】对话框中，选中【当前 WCS】，单击【确定】按钮，系统会自动把模具坐标系放在坐标系原点上，并且锁定 Z 轴，完成模具坐标系的设置。

图 14-3 【模具 CSYS】对话框

14.1.3 设置工件

01 单击【注塑模向导】选项卡【主要】面板上的【工件】按钮，系统弹出【工件】对话框，选择【用户定义的块】工件方法。

02 在【定义类型】下拉列表中选择"参考点"，设置 X、Y、Z 轴的距离，如图 14-4 所示。单击【确定】按钮，工件的设置结果如图 14-5 所示。

图 14-4 工件尺寸设置

图 14-5 工件设置结果

14.1.4 型腔布局

01 单击【注塑模向导】选项卡【主要】面板上的【型腔布局】按钮，打开图 14-6 所示的【型腔布局】对话框。在【型腔布局】对话框的【布局类型】选项组中选择"矩形"和"平衡"，【腔型数】设置为 2。

02 在【型腔布局】对话框中单击【自动对准中心】按钮⊞，然后单击【关闭】按钮退出对话框，结果如图 14-7 所示。

图 14-6 【型腔布局】对话框

图 14-7 型腔布局图

14.2 分型设计

在分型设计里面进行分型线和分型面的设计，最后生成型芯和型腔。

📖 14.2.1 创建分型线

01 单击【注塑模向导】选项卡【分型刀具】面板上的【设计分型面】按钮，弹出【设计分型面】对话框，如图 14-8 所示。单击【编辑分型线】栏中的【选择分型线】，并在绘图区选择图 14-9 所示的边。系统提示分型线环没有封闭。

02 依次在零件外沿线作分型线，直至分型线封闭，单击【确定】按钮，分型线结果如图 14-10 所示。

03 单击【注塑模向导】选项卡【分型刀具】面板上的【设计分型面】按钮，系统弹出【设计分型面】对话框，单击【选择分型或引导线】，如图 14-11 所示。在图 14-12 所示位置点处创建引导线，单击【确定】按钮，结果如图 14-13 所示。

图 14-8 【设计分型面】对话框

图 14-9 选择边

图 14-10 分型线

图 14-11 【设计分型面】对话框

图 14-12 引导线位置

图 14-13 创建引导线

14.2.2 创建分型面

01 单击【注塑模向导】选项卡【分型刀具】面板上的【设计分型面】按钮，在弹出的【设计分型面】对话框中的【分型段】列表中选择分段 1，如图 14-14 所示。在【创建分型面】栏中选中【拉伸】选项，采用默认拉伸方向，用鼠标拖动【曲面延伸距离】标志，调节曲面延伸距离，使分型面的拉伸长度大于工件的长度，单击【应用】按钮。

02 在弹出的【设计分型面】对话框中的【分型段】列表中选择分段 2，如图 14-15 所示。在【创建分型面】栏中选中【拉伸】选项，采用默认拉伸方向，用鼠标拖动【曲面延伸距离】

标志，调节曲面延伸距离，使分型面的拉伸长度大于工件的长度，单击【应用】按钮。

图 14-14 选择分段 1

图 14-15 选择分段 2

03 在【设计分型面】对话框中的【分型段】列表中选择分段 3，如图 14-16 所示。在【创建分型面】栏中选中【有界平面】选项 ，采用默认方向，用鼠标拖动滑块，使分型面的拉伸长度大于工件的长度，单击【应用】按钮。

04 在弹出的【设计分型面】对话框中的【分型段】列表中选择分段 4，如图 14-17 所示。在【创建分型面】栏中选中【拉伸】选项 ，采用默认拉伸方向，用鼠标拖动【曲面延伸距离】标志，调节曲面延伸距离，使分型面的拉伸长度大于工件的长度，然后单击【应用】按钮。

图14-16 选择分段3

图14-17 选择分段4

05 在【设计分型面】对话框中的【分型段】列表中选择分段5，如图14-18所示。在【创建分型面】栏中选中【有界平面】选项 ，采用默认方向，用鼠标拖动滑块，使分型面的拉伸长度大于工件的长度。单击【应用】按钮，系统弹出【查看修剪片体】对话框，此时剪切方向如图14-18所示。该方向不正确，单击【翻转修剪的片体】按钮使其处于正确位置，单击【应用】按钮。

06 在弹出的【设计分型面】对话框中的【分型段】列表中选择分段6，如图14-19所示。在【创建分型面】栏中选中【拉伸】选项 ，指定拉伸方向为-YC轴，用鼠标拖动

【曲面延伸距离】标志，调节曲面延伸距离，使分型面的拉伸长度大于工件的长度，单击【应用】按钮，结果如图 14-20 所示。

图 14-18　选择分段 5

图 14-19　选择分段 6

图 14-20　分型面最终结果

14.2.3　设计区域

01 单击【注塑模向导】选项卡【分型刀具】面板上的【检查区域】按钮，在弹出图 14-21 所示的【检查区域】对话框里选中【保持现有的】选项，选择脱模方向为 ZC 轴，单击【计算】按钮。

02 选择【区域】选项卡，显示有 20 个未定义区域，如图 14-22 所示。在视图中选择未定义的区域为型芯区域，单击【确定】按钮，可以看到型腔面（39）与型芯面（37）的和等于总面数（76）。

图 14-21　【检查区域】对话框

图 14-22　【区域】对话框

14.2.4 抽取区域

单击【注塑模向导】选项卡【分型刀具】面板上的【定义区域】按钮，系统弹出【定义区域】对话框，如图 14-23 所示，选择【所有面】选项，勾选【创建区域】复选框，单击【确定】按钮。

图 14-23 【定义区域】对话框

14.2.5 创建型腔和型芯

单击【注塑模向导】选项卡【分型刀具】面板上的【定义型芯和型腔】按钮，弹出图 14-24 所示的【定义型芯和型腔】对话框。将【缝合公差】设置为 0.1，选择【所有区域】选项，单击【确定】按钮。生成的型芯和型腔分别如图 14-25 和图 14-26 所示。

图 14-24 【定义型腔和型芯】对话框

图 14-25 型芯

图 14-26 型腔

14.3 辅助设计

在完成分型设计后，为了完成完整的模具设计，需要设计一些辅助系统，包括模架设计、浇注系统设计、顶杆设计等。

14.3.1 添加模架

01 单击【注塑模向导】选项卡【主要】面板上的【模架库】按钮，在弹出的【重用库】对话框的【名称】列表中选择【HASCO_E】模架，在【成员选择】列表中选择【Type1（F2M2）】，在【模架库】对话框的【详细信息】列表中设置 index 为 196×296，如图 14-27所示。

图 14-27 【重用库】对话框和【模架库】对话框

02 可以看到，模架的上\下板厚度与型芯尺寸不匹配。在【AP_h】的下拉列表中选择

模板的厚度为 46，在【BP_h】的下拉列表中选择模板的厚度为 27，如图 14-28 所示，单击
【应用】按钮，完成对模架的编辑。

03 单击【旋转模架】按钮 🔄，旋转模架，完成的模架效果图如图 14-29 所示。

图 14-28　更改上、下模板参数　　　　　　　　图 14-29　模架效果图

14.3.2　添加标准件

01 单击【注塑模向导】选项卡【主要】面板上的【标准件库】按钮 🔧，弹出【重
用库】对话框和【标准件管理】对话框，在【名称】中选择【HASCO_MM】→【Locating Ring】，
在【成员选择】中选择【K100[Locating Ring]】，设置 d1 为 100，h1 为 8，h2 为 4，如图
14-30 所示。

02 单击【确定】按钮，加入定位环，如图 14-31 所示。

图 14-30　定位环参数设置

03 单击【注塑模向导】选项卡【主要】面板上的【标准件库】按钮 ，弹出如图 14-32 所示的【重用库】对话框和【标准件管理】对话框，在【名称】中选择【HASCO_MM】 →【Injection】，在【成员选择】中选择【Z50[Spruce Bushing]】，在【详细信息】栏中 设置 d2 为 18，1 为 40。创建结果如图 14-33 所示。

图 14-31　加入定位环

图 14-32　主流道参数设置

04 单击【注塑模向导】选项卡【主要】面板上的【标准件库】按钮 ，在弹出的 【重用库】对话框的【名称】中选择【DME_MM】→【Ejection】，在【成员选择】中选择【Ejector Pin (Straight)】，在【详细信息】栏中设置 CATALOG_DIA 为 2，CATALOG_LENGTH 为 125， 如图 14-34 所示。

图 14-33　创建结果

图 14-34　顶杆参数设置

05 单击【确定】按钮，弹出【点】对话框，依次设置基点坐标如图 14-35～图 14-40 所示。单击【确定】按钮完成设置。

图 14-35 第一基点

图 14-36 第二基点

图 14-37 第三基点

图 14-38 第四基点

图 14-39 第五基点

图 14-40 第六基点

06 单击【取消】按钮退出【点】对话框，添加顶杆效果如图 14-41 所示。

图 14-41 添加顶杆结果

📖14.3.3　顶杆后处理

01 单击【注塑模向导】选项卡【主要】面板上的【顶杆后处理】按钮，弹出如图 14-42 所示的【顶杆后处理】对话框。选择【调整长度】类型，在【目标】栏的列表中选择已经创建的待处理的顶杆。

02 在【工具】栏中接受默认的修边部件。接受默认的修剪曲面，即型芯修剪片体（CORE_TRIM_SHEET）。

03 单击【确定】按钮，完成顶杆的修剪，结果如图 14-43 所示。

图 14-42　【顶杆后处理】对话框

图 14-43　修剪结果

📖14.3.4　添加浇口

01 单击【注塑模向导】选项卡【主要】面板上的【浇口库】按钮，弹出【浇口设计】对话框，在【平衡】选项中选择【否】，在【位置】选项中选择【型芯】，如图 14-44 所示。单击【浇口点表示】按钮，弹出【浇口点】对话框，如图 14-45 所示。

02 在【浇口点】对话框中单击【点在面上】按钮，弹出【面选择】对话框，如图 14-46 所示。

03 选择图 14-47 所示的面，弹出【Point Move on Face】对话框。在该对话框中，选中【XYZ value】，设置 X 的坐标值为 0，设置 Y 的坐标为 0，如图 14-48 所示。单击【确定】按钮，建立浇口点并返回到【浇口点】对话框。

04 在【浇口点】对话框上单击【确定】按钮，返回至【浇口设计】对话框，在【类型】下拉列表中选择【pin point】，设置【BHT】的尺寸为 15，单击回车键。单击【应用】按钮，弹出【点】对话框。选择【点】对话框中的【现有点】类型，选择建立的浇口点，弹出【矢量】对话框，如图 14-49 所示。

图 14-44 【浇口设计】对话框

图 14-45 【浇口点】对话框

图 14-46 【面选择】对话框

图 14-47 选择浇口放置面

图 14-48 【Point Move on Face】对话框

图 14-49 【矢量】对话框

05 在【矢量】对话框中选择 ZC 负方向，单击【确定】按钮，加入浇口如图 14-50
所示，返回【浇口设计】对话框。

图 14-50 加入浇口

14.3.5　建立腔体

01 单击【注塑模向导】选项卡【主要】面板上的【腔体】按钮 ⚓，系统弹出【腔体】对话框，如图 14-51 所示。

02 选择模具的模板、型腔和型芯为目标体，然后选择建立的定位环、主流道、浇口、顶杆等为工具体。

03 在对话框中单击【确定】按钮建立腔体。模具整体如图 14-52 所示。

图 14-51　【腔体】对话框

图 14-52　模具整体

第 **15** 章

手机壳体模具设计

该套模具为一类典型动定模行为模具，零件结构比较复杂，四周都需要用侧抽芯来完成零件的成形，因此模具宜采用一模一腔式。该产品的表面质量要求比较高，而点浇口的位置在动模，浇口点小，脱模后浇口残痕不明显，不需要再修整浇口痕迹，因此浇口应该采用针点浇口方式。根据该套模具的结构以及要求，模架设计为三板式注塑模，采用顶杆顶出机构。设计难点主要在侧面，因为有孔道，应该加一个侧型，便于零件的成型和出模。

学 习 要 点

- ◎ 初始设置
- ◎ 分型设计
- ◎ 辅助设计

15.1　初始设置

在开始手机壳体模具设计时，要进行一些初始的设置，包括装载产品并初始化、定位模具坐标系的设置、定义成型工件、定义布局等。

15.1.1　项目初始化

01 单击【注塑模向导】选项卡中的【项目初始化】按钮，弹出【打开】对话框。选择面壳壳体的产品文件：光盘目录\15\sjkt\sjkt.prt。单击【OK】按钮。

02 在弹出的【初始化项目】对话框中，设置【投影单位】为毫米，改变项目路径，创建 sjkt 文件夹。设置【材料】为 PC+10%GF，设置【收缩】为 1.0035，如图 15-1 所示。

03 单击对话框中的【确定】按钮，完成产品装载。此时，在【装配导航器】中显示系统自动产生的模具装配结构，如图 15-2 所示。

加载后的手机壳体模型如图 15-3 所示。

图 15-1　【初始化项目】对话框　图 15-2　装配导航器结构图　图 15-3　手机壳体模型示意图

15.1.2　设定模具坐标系

01 选择【菜单】→【格式】→【WCS】→【原点】命令，系统弹出【点】对话框，如图 15-4 所示。选择图 15-5 所示的边的端点，单击【确定】按钮。移动效果如图 15-6 所示。

02 选择【菜单】→【格式】→【WCS】→【原点】命令，系统弹出【点】对话框，设置工作坐标系的原点沿 XC 正方向移动 9，如图 15-7 所示，单击【确定】按钮。单击【取消】按钮，退出【点】对话框，得到最终效果如图 15-8 所示。

图 15-4　【点】对话框

图 15-5　选择点

图 15-6　移动效果

图 15-7　【点】对话框

03 单击【注塑模向导】选项卡【主要】面板上的【模具坐标系】按钮，打开【模具 CSYS】对话框。如图 15-9 所示。在【模具 CSYS】对话框中选中【当前 WCS】，单击【确定】按钮，系统会自动把模具坐标系放在坐标系原点上，完成模具坐标系的设置。

图 15-8　工作坐标系

图 15-9　【模具 CSYS】对话框

15.1.3　设置工件

01 单击【注塑模向导】选项卡【主要】面板上的【工件】按钮，系统弹出【工件】对话框，如图 15-10 所示。选择【用户定义的块】工件方法，在【定义类型】下拉列表中选择【参考点】，设置 X、Y、Z 轴的距离如图 15-50 所示，单击【确定】按钮，工件如图 15-11 所示。

图 15-10 工件参数设置

图 15-11 成型工件

注意

由于本例中模具的四周都有侧抽芯辅助成型，因此在模具设计时采用一模一腔式，不必对模具进行布局。

02 单击【注塑模向导】选项卡【主要】面板上的【型腔布局】按钮，打开【型腔布局】对话框，如图 15-12 所示。单击【自动对准中心】按钮，然后单击对话框中的【关闭】按钮，结果如图 15-13 所示。

图 15-12 【型腔布局】对话框

图 15-13 对准中心

15.2 分型设计

在分型设计里面首先要完成产品模型的修补工作，然后进行分型线和分型面的设计，最后生成型芯和型腔。

15.2.1 模具修补

01 单击【注塑模向导】选项卡【注塑模工具】面板上的【创建方块】按钮，弹出【创建方块】对话框，将【间隙】设置为 0.5，如图 15-14 所示。

02 选择如图 15-15 所示的面，单击【确定】按钮，创建的方块如图 15-16 所示。

03 单击【注塑模向导】选项卡【注塑模工具】面板上的【分割实体】按钮，弹出【分割实体】对话框，如图 15-17 所示。

图 15-14 【创建方块】对话框

图 15-15 选择面

图 15-16 创建的方块

图 15-17 【分割实体】对话框

04 选择图 15-18 所示的目标体,选择图 15-19 所示的工具体,勾选【扩大面】复选框,调节片体的面积大于要修剪的目标体。在被选择的面上显示修剪方向,观察修剪方向是否正确,若不正确,则单击【反向】按钮⊠。

图 15-18 选择目标体

05 单击【确定】按钮,生成图 15-20 所示的修剪效果图。

图 15-19 选择工具体 1   图 15-20 修剪效果图 1

06 选择图 15-18 所示的目标体,选择图 15-21 所示的工具体,在被选择的面上显示修剪方向,如图 15-21 所示,单击【应用】按钮,结果如图 15-22 所示。

图 15-21 选择工具体 2   图 15-22 修剪效果图 2

07 选择图 15-18 所示的目标体,选择图 15-23 所示的工具体,在被选择的面上显示修剪方向,单击【应用】按钮,生成图 15-24 所示的修剪效果。

图 15-23 选择工具体 3   图 15-24 修剪效果图 3

08 选择图 15-18 所示的目标体,选择图 15-25 所示的工具体,在被选择的面上显示修剪方向,单击【确定】按钮,生成图 15-26 所示的修剪效果。

UG NX 10.0

349

09 选择图 15-18 所示的目标体，选择图 15-27 所示的工具体，在被选择的面上显示修剪方向，如图 15-27 所示。单击【应用】按钮，生成图 15-28 所示的修剪效果。

图 15-25　选择工具体 4

图 15-26　修剪效果图 4

图 15-27　选择工具体 5

图 15-28　修剪效果图 5

10 选择图 15-18 所示的目标体，选择图 15-29 所示的工具体，在被选择的面上显示修剪方向，如图 15-29 所示。单击【应用】按钮，生成图 15-30 所示的修剪效果，完成着一个侧孔的修补。

图 15-29　选择工具体 6

图 15-30　修剪效果图 6

11 重复 **01** ～ **10**，在零件上创建的实体如图 15-31 所示。

创建实体

图 15-31　创建实体的效果图

12 单击【注塑模向导】选项卡【注塑模工具】面板上的【实体补片】按钮，弹出【实体补片】对话框，如图 15-32 所示。选择上面创建的 6 个方块作为修补实体，单击【确定】按钮，完成实体补片，结果如图 15-33 所示。

图 15-32　【实体补片】对话框

图 15-33　完成实体补片

15.2.2　曲面修补

01 单击【注塑模向导】选项卡【分型刀具】面板上的【曲面补片】按钮，弹出图 15-34 所示的【边修补】对话框，在类型中选择【移刀】。

02 取消【按面的颜色遍历】复选框的勾选，选择图 15-35 所示的边界曲线，单击【确定】按钮，生成的补片如图 15-36 所示。

图 15-34　【边修补】对话框

选择曲线

图 15-35　选择曲线

图 15-36　生成的补片

03 单击【注塑模向导】选项卡【分型刀具】面板上的【曲面补片】按钮，弹出图 15-34 所示的【边修补】对话框，在【类型】中选择【移刀】。

04 取消【按面的颜色遍历】复选框的勾选，选择图 15-37 所示的边界曲线，单击【确定】按钮，生成的曲面如图 15-38 所示。

05 单击【注塑模向导】选项卡【分型刀具】面板上的【曲面补片】按钮，弹出图 15-34 所示的【边修补】对话框，在【类型】中选择【移刀】。

图 15-37　选择边界曲线　　　　　　　　图 15-38　生成曲面

06 取消【按面的颜色遍历】复选框的勾选，选择图 15-39 所示的边界曲线，单击【确定】按钮，生成的曲面如图 15-40 所示。

图 15-39　选择边界曲线　　　　　　　　图 15-40　生成曲面

07 单击【注塑模向导】选项卡【分型刀具】面板上的【曲面补片】按钮 ◎ ，弹出图 15-34 所示的【边修补】对话框，在【类型】中选择【移刀】。

08 取消【按面的颜色遍历】复选框的勾选，选择图 15-41 所示的边界曲线，单击【确定】按钮，生成的曲面如图 15-42 所示。

图 15-41　选择边界曲线　　　　　　　　图 15-42　生成曲面

📖15.2.3　创建分型线

01 单击【注塑模向导】选项卡【分型刀具】面板上的【设计分型面】按钮 ，弹出图 15-43 所示的【设计分型面】对话框，单击编辑分型线栏中的【选择分型线】，在视图上选择图 15-44 所示的实体的底面边线，系统自动选择分型线，提出警示分型线环没有封闭。

02 依次选择零件外沿线作为分型线，当分型线封闭后，单击【确定】按钮，分型线如图 15-45 所示。

03 单击【注塑模向导】选项卡【分型刀具】面板上的【设计分型面】按钮 ，弹出【设计分型面】对话框，如图 15-46 所示。

04 在【编辑分型段】中单击【选择分型或引导线】，依次在图 15-47 所示的选择点处创建引导线，单击【确定】按钮，结果如图 15-48 所示。

图 15-43 【设计分型面】对话框

图 15-44 实体的底面边线

图 15-45 分型线

图 15-46 【设计分型面】对话框

图 15-47 选择点

图 15-48 创建引导线

15.2.4 创建分型面

01 单击【注塑模向导】选项卡【分型刀具】面板上的【设计分型面】按钮，在弹出的【设计分型面】对话框的【分型段】列表中选择分段 1，如图 15-49 所示。在【创建分型面】栏中选中【拉伸】选项，选择 YC 轴为拉伸方向，用鼠标拖动【曲面延伸距离】标志，调节曲面延伸距离，使分型面的拉伸长度大于工件的长度，单击【应用】按钮。

图 15-49　选择分段 1

02 在【设计分型面】对话框的【分型段】列表中选择分段 2，如图 15-50 所示。在【创建分型面】栏中选中【拉伸】选项，采用默认拉伸方向，用鼠标拖动【曲面延伸距离】标志，调节曲面延伸距离，使分型面的拉伸长度大于工件的长度，单击【应用】按钮。

图 15-50　选择分段 2

03 在【设计分型面】对话框的【分型段】列表中选择分段 3，如图 15-51 所示。在

【创建分型面】栏中选中【拉伸】选项![icon]，采用默认拉伸方向，用鼠标拖动【曲面延伸距离】标志，调节曲面延伸距离，使分型面的拉伸长度大于工件的长度，单击【应用】按钮。

图 15-51　选择分段 3

04 在【设计分型面】对话框的【分型段】列表中选择分段 4，如图 15-52 所示。在【创建分型面栏】中选中【拉伸】选项![icon]，选择 XC 轴为拉伸方向，用鼠标拖动【曲面延伸距离】标志，调节曲面延伸距离，使分型面的拉伸长度大于工件的长度，单击【应用】按钮。

图 15-52　选择分段 4

05 在【设计分型面】对话框的【分型段】列表中选择分段 5，如图 15-53 所示。在【创建分型面】栏中选中【拉伸】选项![icon]，采用默认拉伸方向，用鼠标拖动【曲面延伸距离】标志，调节曲面延伸距离，使分型面的拉伸长度大于工件的长度，单击【应用】按钮。

06 在【设计分型面】对话框的【分型段】列表中选择分段 6，如图 15-54 所示。在【创建分型面】栏中选中【拉伸】选项![icon]，采用默认拉伸方向，用鼠标拖动【曲面延伸距离】标志，调节曲面延伸距离，使分型面的拉伸长度大于工件的长度，单击【应用】按钮。

07 在【设计分型面】对话框的【分型段】列表中选择分段 7，如图 15-55 所示。在

【创建分型面】栏中选中【拉伸】选项，采用默认拉伸方向，用鼠标拖动【曲面延伸距离】标志，调节曲面延伸距离，使分型面的拉伸长度大于工件的长度，单击【应用】按钮。

图 15-53　选择分段 5

图 15-54　选择分段 6

图 15-55　选择分段 7

08 在【设计分型面】对话框的【分型段】列表中选择分段8，如图15-56所示。在【创建分型面】栏中选中【有界平面】选项 ，指定方向为YC轴，用鼠标拖动滑块，使分型面的拉伸长度大于工件的长度，单击【确定】按钮，系统弹出【查看修剪片体】对话框。如果方向不正确，单击【翻转修剪的片体】按钮，使其处于正确位置，单击【确定】按钮，创建的分型面如图15-57所示。

图15-56　选择分段8

图15-57 创建分型面

📖 15.2.5　创建型芯和型腔

01 单击【注塑模向导】选项卡【分型刀具】面板上的【检查区域】按钮 ⛰，在弹出的图15-58所示的【检查区域】对话框里，选【保持现有的】选项，选择脱模方向为ZC轴，单击【计算】按钮 ▤。选择【区域】选项卡，如图15-59所示，将未定义的面定义为型芯区域或型腔区域。

02 单击【注塑模向导】选项卡【分型刀具】面板上的【定义区域】按钮 ⋀，系统弹出【定义区域】对话框，如图15-60所示。

03 选择【所有面】选项，勾选【创建区域】复选框，单击【确定】按钮。

04 单击【注塑模向导】选项卡【分型刀具】面板上的【定义型芯和型腔】按钮 ▨，系统弹出如图15-61所示的【定义型腔和型芯】对话框。将【缝合公差】设置为0.1，选择

【所有区域】选项，单击【确定】按钮，系统自动生成型芯和型腔，如图 15-62、图 15-63 所示。

图 15-58　【检查区域】对话框

图 15-59　【区域】选项卡

图 15-60　【定义区域】对话框

图 15-61　【定义型腔和型芯】对话框

图 15-62　型芯

图 15-63　型腔

15.3 辅助设计

在完成分型设计后，为了完成完整的模具设计，需要设计一些辅助系统，包括模架设计、浇注系统设计、顶杆设计、镶块设计和滑块设计等。

📖15.3.1 添加模架

01 单击【注塑模向导】选项卡【主要】面板上的【模架库】按钮▦，弹出【重用库】对话框和【模架设计】对话框，在【名称】列表中选择【HASCO_E】模架，在【成员选择】列表中选择【Type1（F2M2）】，在【详细信息】中设置 index 为 196×296，如图 15-64 所示。单击【应用】按钮，添加模架。

02 在【详细信息】的【AP_h】的下拉列表中选择模板的厚度为 46，在【BP_h】的下拉列表中选择模板的厚度为 27，如图 15-65 所示。单击【应用】按钮。

图 15-64 设置模架   图 15-65 上、下模板参数设置

03 在【模架库】对话框中单击【旋转模架】按钮🔄，旋转模架，单击【确定】按钮，完成的模架效果如图 15-66 所示。

图 15-66 模架效果图

15.3.2　添加标准件

01 单击【注塑模向导】选项卡【主要】面板上的【标准件库】按钮，在弹出的【重用库】对话框的【名称】中选择【HASCO_MM】→【Locating Ring】，在【成员选择】中选择【K100[Locating_Ring]】，在【标准件管理】对话框的【详细信息】中设置 d1 为 100、h1 为 8、h2 为 4，如图 15-67 所示。单击【确定】按钮，加入定位环，如图 15-68 所示。

图 15-67　定位环设置

图 15-68　加入定位环

02 单击【注塑模向导】选项卡【主要】面板上的【标准件库】按钮，在【重用库】对话框的【名称】中选择【HASCO_MM】→【Injection】，在成员选择中选择【Z50[Sprue Bushing]】。在【标准件管理】对话框的【详细信息】中设置 d2 为 12，l 为 40，如图 15-69 所示，单击【确定】按钮，将主流道加入到模具装配中，如图 15-70 所示。

图 15-69　浇口套设置

图 15-70　加入主流道

03 单击【注塑模向导】选项卡【主要】面板上的【标准件库】按钮，在弹出的【重用库】对话框的【名称】中选择【DME_MM】→【Ejection】，在【成员选择】中选择【Ejector Pin[Straight]】，在【标准件管理】对话框中设置 CATALOG_DIA 为 2、CATALOG_LENGTH 为 125，如图 15-71 所示。

图 15-71　顶杆参数设置

04 单击【确定】按钮，弹出【点】对话框，如图 15-72 所示。依次设置基点坐标为（10，-26，0）、（-12，-26，0）、（12，22，0）和（-6，18，0），单击【确定】按钮。

05 单击【取消】按钮，退出【点】对话框，添加顶杆效果如图 15-73 所示。

图 15-72　【点】对话框

图 15-73　添加顶杆效果图

📖15.3.3　顶杆后处理

01 单击【注塑模向导】选项卡【主要】面板上的【顶杆后处理】按钮，弹出图 15-74 所示的【顶杆后处理】对话框。选择【调整长度】类型，在目标栏的列表中选择已经创建的待处理的顶杆。

02 接受默认的修剪部件，即型芯修剪片体（CORE_TRIM_SHEET）。单击【确定】按钮，完成对顶杆的剪切，如图 15-75 所示。

图 15-74　【顶杆后处理】对话框　　　　　　图 15-75　顶杆后处理效果图

15.3.4　添加浇口

01 单击【注塑模向导】选项卡【主要】面板上的【浇口库】按钮 ，弹出【浇口设计】对话框，如图 15-76 所示。在【平衡】选项中选择【否】，在【位置】选项中选择【型芯】，在【类型】下拉列表中选择【pin point】。更改【BHT】的尺寸为 12.5，单击回车键。定义完浇口的参数后单击【浇口点表示】按钮，弹出【浇口点】对话框，如图 15-77 所示。

02 在【浇口点】对话框中单击【点在面上】按钮，弹出【面选择】对话框，如图 15-78 所示。

图 15-76　【浇口设计】对话框　　　图 15-77　【浇口点】对话框　　　图 15-78　【面选择】对话框

03 选择图 15-79 所示的面，弹出【Point Move on Face】对话框，如图 15-80 所示。在该对话框中，选中【XYZ value】，设置 X 的坐标值为 0，设置 Y 的坐标为 0，单击【确定】按钮，建立浇口点并返回到【浇口点】对话框。

图 15-79　选择浇口放置点　　　　图 15-80　【Point Move on Face】对话框

04 在【浇口点】对话框上单击【确定】按钮，返回至【浇口设计】对话框，单击【应用】按钮，弹出【点】对话框。选择建立的浇口点，弹出【矢量】对话框，如图 15-81 所示。

05 在【矢量】对话框中选择 ZC 负方向，单击【确定】按钮，加入浇口，如图 15-82 所示，并返回【浇口设计】对话框。

图 15-81　【矢量】对话框

图 15-82　加入浇口

06 浇口位置有偏差，单击【重定位浇口】按钮，弹出【REPOSITION】（重定位）对话框，如图 15-83 所示。在【重定位】对话框上单击【从点到点】按钮，弹出【点】对话框。

07 在【点】对话框中选择【圆弧中心/椭圆中心/球心】类型，选择图 15-84 所示的两个圆弧，返回至【REPOSITION】对话框，单击【确定】按钮，接着返回【浇口设计】对话框，单击【取消】按钮，添加的浇口如图 15-85 所示。

图 15-83　【REPOSITION】对话框

图 15-84　选择圆弧

363

图 15-85　添加的浇口

📖15.3.5　添加镶块

01 单击【注塑模向导】选项卡【主要】面板上的【子镶块库】按钮，弹出【重用库】对话框和【子镶块设计】对话框，如图 15-86 所示。

图 15-86　子镶块的参数

02 在【重用库】对话框的【成员选择】中选择【CAVITY SUB INSERT】对象,在【子镶块设计】对话框的【SHAPE】下拉列表中选择【ROUND】选项,在【FOOT】下拉列表中选择【ON】选项,在【FOOT_OFFSET_1】下拉列表中选择 3,在【MATERIAL】下拉列表中选择 P20,设置【X_LENGTH】的值为 3、【Z_LENGTH】的值为 50。

03 单击【确定】按钮,弹出【点】对话框,在对话框中单击【圆弧中心/椭圆中心/球心】类型,选择图 15-87 所示的点。添加的镶块如图 15-88 所示。

图 15-87　镶块的插入点设置　　　　　　　　图 15-88　添加的镶块

04 单击【注塑模向导】选项卡【注塑模工具】面板上的【修边模具组件】按钮，弹出【修边模具组件】对话框，如图 15-89 所示。

05 选择图 15-88 所示的镶块为目标体。接受默认的修剪部件，即型芯修剪片体（CORE_TRIM_SHEET）。

06 单击【确定】按钮，完成镶块的修剪，如图 15-90 所示。

07 单击【注塑模向导】选项卡【主要】面板上的【子镶块库】按钮，弹出【重用库】对话框和【子镶块设计】对话框。

08 在【重用库】对话框中，选择插入镶块的类型为【CAVITY SUB INSERT】，在【子镶块设计】对话框【详细信息】的【SHAPE】下拉列表中选择【RECTANGLE】选项，在【FOOT】下拉列表中选择【ON】选项，在【MATERIAL】下拉列表中选择 P20。

图 15-89　【修边模具组件】对话框　　　　　图 15-90　修剪后的镶块

09 设置【X_LENGTH】的值为 5，【Y_LENGTH】的值为 1.2、【Z_LENGTH】的值为 50、【FOOT_OFFSET_1】的值为 2、【FOOT_OFFSET_2】的值为 2、【FOOT_OFFSET_3】的值为 2、【FOOT_OFFSET_4】的值为 2。

10 单击【确定】按钮，弹出【点】对话框，设置点的坐标为（-0.2，-40.2，0），单击【确定】按钮，添加的镶块如图 15-91 所示。单击【取消】按钮，退出【镶块设计】

对话框。

11 重复 **04** ～ **06** ，修剪刚添加的镶块，结果如图 15-92 所示。

图 15-91　添加的镶块

图 15-92　修剪后的镶块

📖15.3.6　添加滑块

01 选择【菜单】→【格式】→【WCS】→【原点】命令，系统弹出【点】对话框，在对话框上选择【圆弧中心/椭圆中心/球心】类型，选择图 15-93 所示的圆弧，单击【确定】按钮移动坐标系，如图 15-94 所示。

图 15-93　选择圆弧

图 15-94　移动坐标系

02 单击【分析】选项卡【测量】面板上的【测量距离】按钮 🖾 ，弹出【测量距离】对话框，如图 15-95 所示，用于测量坐标系原点到毛坯边缘的距离。

03 选择坐标系原点，然后选择图 15-96 所示的平面，显示距离为 20.4723。单击【确定】按钮。

04 选择【菜单】→【格式】→【WCS】→【原点】命令，在【点】对话框中的【YC】文本框中输入 20.4723，单击【确定】按钮移动坐标系。单击【取消】按钮，退出【点】对话框。

05 选择【菜单】→【格式】→【WCS】→【旋转】命令，系统弹出【旋转 WCS 绕】对话框，设置绕 ZC 轴正方向旋转，由 XC 轴转向 YC 轴，角度为 90°，单击【应用】按钮，接着单击【确定】按钮，效果如图 15-97 所示。

06 单击【注塑模向导】选项卡【主要】面板上的【滑块和浮升销库】按钮 🖴 ，弹出【重用库】对话框和【滑块和浮升销设计】对话框，在【名称】中选择【SLIDE_LIFT】→【Slide】，在【成员选择】中选择【Push-Pull Slide】选项。

07 在【滑块和浮升销设计】对话框中设置 gib_long=108，slide_top=20，wide=50，如图 15-98 所示。单击【确定】按钮，加入滑块，如图 15-99 所示。

08 选择【视图】选项卡【窗口】→【sjkt_prod_003.prt】命令，切换窗口。在【装配导航器】中右键单击【sjkt_cavity_002】，在弹出的快捷菜单中选择【设为工作部件】选项。

图 15-95　【测量距离】对话框

图 15-96　选择平面

图 15-97　坐标系移动与旋转后的效果

图 15-98　滑块尺寸参数设置

图 15-99　添加的滑块

09 单击【装配】选项卡【常规】面板上的【WAVE 几何链接器】按钮，弹出【WAVE 几何链接器】对话框，如图 15-100 所示。

10 单击【WAVE 几何链接器】对话框的【类型】下拉列表中的【体】选项，选择图 15-101 所示的滑块体，单击【确定】按钮，完成型腔和滑块体的链接。

11 在【装配导航器】中右键单击【sjkt_cavity_002】，在弹出的快捷菜单中选择【设为显示部件】选项。显示的部件如图 15-102 所示。

选择体

图 15-100 【WAVE 几何链接器】对话框　　　图 15-101　选择滑块体

12 单击【主页】选项卡【特征】面板上的【拉伸】按钮，弹出【拉伸】对话框，如图 15-103 所示。

13 选择图 15-104 所示的平面，进入草绘环境。单击【曲线】面板上的【投影曲线】按钮，弹出【投影曲线】对话框，选择如图 15-105 所示的线框，单击【确定】按钮，然后单击【完成】按钮，退出草绘界面并返回到建模环境。

选择草绘平面

图 15-102　显示的部件　　　图 15-103　【拉伸】对话框　　　图 15-104　选择面

14 在【拉伸】对话框中，将【开始距离】设置为 0，将【结束距离】设置为 20，此时界面图形如图 15-106 所示。

15 单击【确定】按钮，得到拉伸实体，效果如图 15-107 所示。

16 单击【主页】选项卡【特征】面板上的【合并】按钮，弹出图 15-108 所示的【合并】对话框。选择滑块和前面的拉伸体，单击【确定】按钮，完成合并操作。

17 选择【视图】选项卡【窗口】面板中的【sjkt_top_000.prt】文件，切换窗口。

18 单击【主页】选项卡【特征】面板上的【减去】按钮，弹出图 15-109 所示的

【求差】对话框，选择【保存工具】复选框。

图 15-105　选择投影曲线

图 15-106　界面图形

图 15-107　拉伸的效果

图 15-108　【合并】对话框

图 15-109　【求差】对话框

图 15-110　选择目标体和工具体

19 选择型腔作为目标体，滑块作为工具体，如图 15-110 所示。单击【求差】对话框中的【确定】按钮，得到的求差效果如图 15-111 所示。

20 重复步骤 **06** ～ **19**，添加另外的两个滑块，得到的效果如图 15-112 所示。

 注意：

本例中侧滑块的添加是重点和难点，侧面有多处孔道，零件不便于成型，所以应该加侧型，以便于零件的成型和出模。

图 15-111　求差的效果

图 15-112　添加的侧滑块

📖15.3.7　冷却系统设计

01　选择【视图】选项卡【窗口】中的【sjkt_prod_003.prt】选项，切换到型芯窗口。

02　单击【注塑模向导】选项卡【冷却工具】面板上的【冷却标准件库】按扭🗄，弹出【重用库】对话框和【冷却组件设计】对话框。在【重用库】对话框的【名称】列表中选择类型为【COOLING】→【Water】，在【成员选择】中选择【COOLING HOLE】，在【冷却组件设计】对话框的【详细信息】栏中设置【PIPE_THREAD】的参数为 M8、【HOLE_1_DEPTH】的参数为 115、【HOLE_2_DEPTH】的参数为 120。如图 15-113 所示。

03　选择图 15-114 所示的面，单击【确定】按钮，弹出如图 15-115 所示的【标准件位置】对话框。单击参考点中的【点对话框】按钮↕，设置点的坐标为（20，0，0），单击【确定】按钮，返回到【标准件位置】对话框中，设置 X 偏置和 Y 偏置都为 0，单击【应用】按钮，然后输入 X 偏置为-40，Y 偏置为 0，单击【确定】按钮。

图 15-113　冷却管道参数设置

图 15-114　选择面

04 单击【取消】按钮，得到的效果如图 15-116 所示。退出冷却管道设计。

图 15-115　【标准件位置】对话框

图 15-116　添加冷却管道效果图

05 单击【注塑模向导】选项卡【冷却工具】面板上的【冷却标准件库】按扭，弹出【重用库】对话框和【冷却组件设计】对话框。在【重用库】对话框的【名称】中选择类型为【COOLING】→【Water】，在【成员选择】中选择【COOLING HOLE】，在【冷却组件设计】对话框的【详细信息】栏中设置 PIPE_THREAD 为 M8、HOLE_1_DEPTH 为 75、HOLE_2_DEPTH 为 80。

06 选择图 15-117 所示的面。

07 重复 **02**～**04**，得到的效果如图 15-118 所示。

图 15-117　选择面

图 15-118　添加冷却管道最终效果图

15.3.8　建立腔体

01 单击【注塑模向导】选项卡【主要】面板上的【腔体】按钮，弹出【腔体】对话框，如图 15-119 所示。

02 选择模具的模板、型腔和型芯为目标体，然后选择定位环、主流道、浇口、顶杆、滑块和冷却系统为工具体。

03 单击【确定】按钮，建立腔体。模具的整体效果如图 15-120 所示。

图 15-119 【腔体】对话框

图 15-120 模具效果图